高等学校信息管理示范教材

顾　　问（按姓氏笔画排序）

马费成　　陈　禹　　黄梯云

编委会（按姓氏笔画排序）

丁荣贵	马费成	卞艺杰
方　勇	王要武	叶继元
李一军	肖人彬	汪玉凯
肖　明	陈京民	吴玲达
张真继	张维明	张基温
罗　琳	周霭如	赵国俊
高　阳	唐晓波	彭　波

执行主编　张基温

高等学校信息管理示范教材

信息系统项目管理

赵树宽　丁荣贵　周国华　主编
唐元宁　孙亚男　副主编

电子工业出版社

Publishing House of Electronics Industry

北京·BEIJING

内 容 简 介

本书把信息系统开发项目作为主要研究对象，结合信息系统开发项目的特点，以项目管理的知识体系（PMBOK）为研究的理论基础，以信息系统项目的生命期为管理过程，以项目管理的目标（时间、成本和质量）为管理重点，为信息系统项目开发管理人员提供现代的项目管理思维与理念、系统而科学的项目管理知识，以及实用的项目管理工具和方法。

本书可以作为高等学校信息管理与信息系统专业、计算机专业、通信专业、信息安全专业、电子商务专业和软件工程等专业研究生、本科生和专科生的教学用书，也可供从事相关专业技术开发和项目管理实际工作的工程技术人员和项目管理人员学习和参考。

图书在版编目（CIP）数据

信息系统项目管理 / 赵树宽，丁荣贵，周国华主编. 北京：电子工业出版社，2009.9
高等学校信息管理示范教材
ISBN 978-7-121-09432-3

I. 信…　II. ①赵… ②丁… ③周…　III. 信息系统－项目管理－高等学校－教材　IV. G202

中国版本图书馆 CIP 数据核字（2009）第 149761 号

策划编辑：刘宪兰
责任编辑：宋兆武　李施诺
印　　刷：北京东光印刷厂
装　　订：三河市皇庄路通装订厂
出版发行：电子工业出版社
　　　　　北京市海淀区万寿路 173 信箱　邮编　100036
开　本：787×1092　1/16　印张：14.5　字数：350 千字
印　次：2009 年 9 月第 1 次印刷
印　数：4000 册　定价：26.00 元

凡所购买电子工业出版社图书有缺损问题，请向购买书店调换。若书店售缺，请与本社发行部联系，联系及邮购电话：（010）88254888。

质量投诉请发邮件至 zlts@phei.com.cn，盗版侵权举报请发邮件至 dbqq@phei.com.cn。

服务热线：（010）88258888。

序

    管理作为有效实现目标的社会活动，自古有之。古代的中国人、巴比伦人、苏美尔人、古埃及人、希伯来人、古希腊人和古罗马人，都创立了许多管理思想。但是现代西方管理的基本思想是与近代大工业生产及科学技术的发展紧密联系在一起的，如亚当·斯密的管理思想是与第一次工业革命联系在一起的；从此开始，管理思想不断发展，如泰罗、吉尔布雷斯、甘特、福特等人的科学管理，法约尔、韦伯等人的组织管理；梅奥等人的行为管理等，马斯洛的需求层次理论，赫茨伯格的双因素理论等。随着计算机的出现，人类处理信息的能力得到极大的提高，也同时认识到信息资源的能动作用，管理的核心随之转移到了信息之上——信息管理应运而生。随着世界性的信息化浪潮的迅速推进，信息管理扩展到了各行各业，又形成电子商务、电子政务、企业信息化、医院信息化……多个子领域，迅速形成一个庞大而独立的专业领域和学科范畴，仅 2005 年初步统计，我国信息管理本科专业已经有 500 多个布点。这套教材就是为满足这样的教学要求，于 2001 年以"新编信息管理与信息系统核心教材"为名开始组织编写的。

    从目前看，信息管理专业大致可以分为两个大的方向：信息系统建设与管理和信息资源建设与管理。在具体教学中各个学校大都采取了以其中一个方向为主兼顾另一个方向的做法。所以，我们从一开始，就把这套书定位在二者兼顾上。

    教学是一个严肃的过程，教材的质量是教学的生命线。为了保证这套教材的质量，每本书的作者都是在充分调研的基础上确定的，在编写的过程中编者、作者和编辑反复沟通。与此同时，我们还聘请了这个领域有代表性的知名学者——黄梯云、陈禹、马费成作为顾问，并聘请有关专家参加编辑委员会的工作，层层把关。在大家的共同努力下，这套书的质量得到了社会的肯定，在 2006 年公布的国家"十一五"规划教材中，这套书的大部分都列入其中。这一结果鼓舞我们把这套书编写得更好。我们也把这个结果作为一个新的起点，并按照大家的建议，把这套教材更名为"信息管理示范教材"。

    "示范"就是抛砖引玉，希望通过我们的努力，把信息管理专业教材的质量提高到一个新的高度。同时，也希望广大读者提出批评、建议和予以指导。

编委会

2007 年 6 月

前　言

21 世纪是信息经济时代，信息技术已广泛渗透到各个行业和领域。国家力推的"十二金"工程已成为政务管理的重要交流平台，企业信息管理也由单一领域（如办公自动化系统、财务管理系统、人事管理系统等）向综合管理系统（如 ERP 系统）转变。现在人们进行网上采购、网上营销和网上银行业务等商务活动，都离不开信息技术的支持。可以说，信息技术对政务、商务和管理等产生了革命性影响，正日益改变人们的生活方式，成为推动社会发展的重要力量。

信息系统是利用计算机技术、通信技术、网络技术及系统集成技术，对政务、商务和企业等活动所需要的信息进行收集、处理、存储和传递的人机系统，目的是提供高效快捷的信息服务。

众所周知，信息系统的开发无一不是以项目的形式组织的。然而，目前信息技术项目开发过程中问题较多，项目的成功率也不高。这些问题的出现，主要是由于大部分信息技术开发管理人员多是信息技术专业出身的，他们缺乏管理方面必要的知识，特别是对项目管理方面的知识。所以，在信息管理与信息系统专业的学生中开设项目管理方面的课程就显得尤为重要。

项目管理是近几十年来发展起来的一门新兴学科，目前呈现快速发展的势头，并已渗透到社会经济的各个领域。同时，信息系统开发项目也随着各行各业信息化建设的推进而迅速增加；信息技术开发企业的数量在不断增长，规模在不断扩大。所以，在信息技术开发过程中结合信息技术开发的特点，强化项目管理的思维，把项目管理的理论、方法、技术和工具运用到信息技术开发工程项目的实践中，完善信息项目管理的知识体系，按照项目管理的规律实施信息技术项目的管理，对实现项目管理的目标和保证信息系统项目的成功具有重要的理论意义和现实意义。

本书的宗旨在于结合信息开发项目的特点，按照项目管理的知识体系（PMBOK）的内容，以信息项目的生命期为管理过程，以项目管理的目标（时间、成本和质量）为管理重点，为从事信息项目开发管理的人员提供现代的项目管理思维与理念、全面系统和科学的项目管理知识，以及实用的项目管理工具和方法。

山东大学赵树宽副教授、丁荣贵教授和周国华教授担任主编，负责全书的结构设计和统稿工作。西南交通大学唐元宁副教授和山东财政学院孙亚男任副主编。本书共分 10 章，其中赵树宽编写第 1 章，孙亚男编写第 2、3 章，钟学燕、徐进编写第 4 章，唐元宁编写第 5、10 章，徐进、刘兴智、吕虹云编写第 6 章，徐进、唐元宁编写第 7 章，孙涛、葛立新编写第 8 章，申艳玲编写第 9 章。

山东大学管理学院研究生张宁、田峰、陈彪、李燕、张宗燕和西南交通大学经济管理学院研究生夏敏华、杨晓娜、李振、潘亚等参与了资料的收集与整理，蒋朝哲博士在本书的编写过程中给予了有益的建议和指导。在此，对他们表示衷心的感谢！

在本书的编写过程中，参考了国内外部分学者的著作、论文中的一些学术观点和一些案例。在此，向这些资料的作者们一并表示感谢。

由于信息系统项目管理学科特点比较明显，但是发展时间比较短，体系尚不完善，有些观点尚有争议。因此，本书中有些观点难免有偏颇之处，希望与同行进行探讨和交流。由于作者水平有限，书中纰漏之处在所难免，敬请专家、同行和读者批评指正。

编　者

2009 年 3 月

目　　录

第 1 章　信息系统项目管理概述

通过本章学习，读者可以：

- 了解信息系统项目的概念与特点。
- 了解信息系统项目管理的概念及作用。
- 掌握信息系统项目管理的理论基础。
- 掌握信息系统项目管理的系统构成。
- 掌握项目管理的知识体系。
- 掌握信息系统项目的生命期。

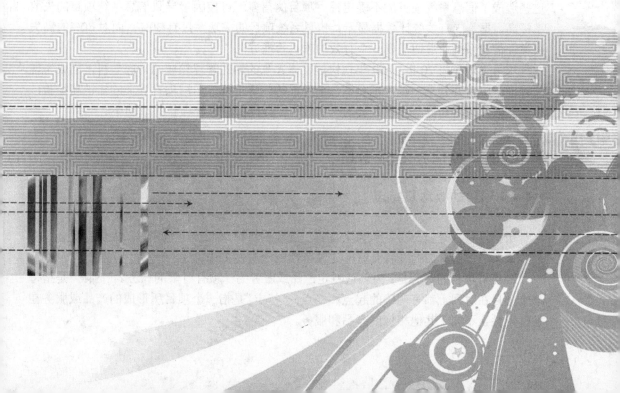

2006 年年初，某软件公司董事长兼总裁景先生就软件业发展问题赴印度参观考察。他们考察了班加罗尔、诺伊达两个城市软件园区的 Infosys、TCS、Wipro 三家印度最大的软件企业，同时访问了印度科学研究院，还参观了一家小型软件服务企业 ZILS。

考察中发现，印度软件企业发展之快有点出人意料。他们最突出的特点主要表现在：一是市场客户名气大，拥有一批像美国通用、波音那样的著名大客户；二是软件企业数量和规模大，印度目前有软件公司 7 500 家，从业人员 41 万，其中 5 000 人以上的公司 16 家，10 000 人以上的公司 6 家；三是公司发展速度快，一些大的软件公司，规模达到万人，在人均产值近 5 万美元的基础上，仍能保持年均 40%～70% 的增长速度（印度软件业近 5 年的年均增长率达到 56%）；四是公司管理能力强，考察的几家大软件公司，其软件项目合同完成率高达 96% 以上，Wipro 达到了 99.3%，对时间、质量、成本的控制能力的确非常强。

印度软件企业之所以能够走向国际市场，其真正的杀手锏就是强大的项目管理能力，以及与此相配套的规范的质量保证体系。印度规模较大的软件企业的项目合同完成率在 95% 以上，而麦肯锡公司不久前的一项调查表明，全球软件开发项目中只有 16% 能按计划完成。

一段时间以来，专家们呼吁中国信息系统技术行业，特别是中国的软件行业急需应用现代化的项目管理工具、方法和手段，从而提高信息系统项目开发的成功率。紧迫性、独特性和不确定性是信息系统项目的特点。紧迫性决定了项目的时间有限，具有明确的起点或终点。独特性在信息系统项目中表现得非常突出，厂商不仅要向客户提供产品，更重要是需要根据客户的不同需求提供不同的解决方案。加之项目计划和预算本质上是一种预测，在执行过程中与实际情况肯定会有些差异，项目的变更也在所难免。同时，在执行过程中还会遇到各种始料未及的风险，使得项目不能按原来的规划和计划运行，这些造成了信息系统项目的不确定性。项目的诸多不可控因素导致信息系统项目的失败率极高，据美国有关统计数据显示，信息系统项目的成功率只有 30%。面对 70% 的高失败率，信息系统业迫切需要一个有效的项目管理方法。

项目管理作为 20 世纪 80 年代快速发展起来的新的管理领域的一门学科，已成为现代管理学的重要分支，越来越受到社会各界的广泛重视。运用项目管理的知识和经验，可以有效地改善和提高管理人员的工作效率，提高信息系统项目的成功率。

1.1　项目及信息系统项目

1.1.1　项目的概念及特点

所谓项目，是指一个组织为实现自己既定的目标，在一定的时间、人员和资金等资源约束条件下所开展的一种具有一定独特性的一次性工作。

PMI 对项目的定义是：为创造特定产品或服务的一项有时限的任务。"时限"是指每一个项目在时间上都有明确的起点和终点；"特定"是指一个项目所形成的产品或服务在关键特性上不同于其他相似的产品和服务。

项目具有目的性、独特性、时限性、风险性、制约性和过程渐进性等特征。

1．目的性

目的性是指任何一个项目都是为实现特定的组织目标和项目的战略目标而服务的。了解项目业主和客户的需求，明确项目的目的和目标，对项目实施目标化管理，是提高项目管理效率和增强项目管理效果的重要前提。

2．独特性

独特性是指每一个项目所生成的产品或服务相对于其他产品或服务而言都有一定的独特之处。所以项目管理是一项需要创新且管理复杂的系统工程。

3．时限性

时限性是指每一个项目都有自己明确的时间起点和终点，有严格的工作流程，是一次性的工作，而不是不断重复、周而复始的。

4．风险性

风险性是指项目的独特性、时限性和一次性等特点决定了项目具有很多的不确定性，同时也决定了项目实施过程中会存在很多不确定的因素，会对项目产生危害和影响，造成项目的失败，具有很大的风险性。

5．制约性

制约性是指每个项目都会在一定程度上受主，客观条件的影响和制约，特别是资源的制约。这些制约因素是影响项目顺利实施和成功的重要因素。

6．过程渐进性

过程渐进性是指任何项目都是按照项目的生命期顺序完成的，而且项目成果具有不可挽回性。所以了解和把握项目的过程，对每一项工作进行严格的控制，按照项目的过程对项目进行科学的组织，这是实现项目目标的重要保证。

每个项目产品都是唯一的，产品或服务的显著特征是逐步形成的。在项目的早期阶段，这些显著特征会被大致地做出界定，当项目工作组对产品有了更充分、更全面的认识以后，就会更明确、更详细地确定这些特征。

产品特征的逐步形成应当按正确的项目范围界定予以仔细的协调，特别是当项目在根据合同实施的情况下，对这一点更要加以注意。当对产品的特征做出正确的界定以后，需要进一步地确定项目的工作范围（即需要做的工作），在确定项目工作范围的过程中进一步调整和确定项目的产品范围。

每个项目都会在项目的质量、时间和成本三个不同的方面受到约束。这三个限制在项目管理中被称为"项目三约束"，或"项目管理的三大目标"。项目管理就是要在这三个约束中进行权衡。项目成功与否，就是要考察项目能否在计划的时间和预算范围内，达到项目所要求的质量和用户的满意度。如果实现了上述项目的目标，这样的项目就是成功的项目。

1.1.2　信息系统项目的概念

信息系统，顾名思义就是与信息有关的系统。而系统是指由相互联系、相互作用的系统要素和许多子系统构成的有机整体。

关于信息系统的概念，从不同的角度有不同的定义。

- 《大英百科全书》把信息系统定义为：对所有形态的信息（原始信息、已分析的数据、知识和专家经验）和所有形式的信息（文字、视频和声音）进行收集、组织、存储、处理和显示的系统。
- 巴克兰德认为：信息系统是指"提供信息服务，使人们获取信息的系统"。
- 达菲认为：信息系统是"人员、过程、数据的集合，是在业务层面上的事务处理数据和支持管理决策的信息。有时候也包括硬件和软件"。

综合以上观点，普遍认为信息系统是指利用计算机技术、通信技术、网络技术及系统集成技术，对社会、经济和企业管理所需要的信息进行收集、处理、存储和传递的人机系统。

信息系统项目是通过一定的信息技术和方法及有效的组织管理而开发出符合用户需要的信息系统。

信息系统开发过程中会涉及很多方法创新、技术创新和管理创新，需要大量的高素质脑力劳动者充分发挥创新精神，采用创新技术，开发出技术最先进的信息系统，为客户提供高效的信息服务。

1.1.3　信息系统项目的特点

信息系统的最终产物是一个人机系统，它没有具体的物质形态，只是一些编码、程序等组成的逻辑实体，需要高素质的开发人员和较高层次的技术支持来完成，凝结着开发人员的智力劳动。而且，由于信息系统全面支持组织管理者的决策活动，涉及管理的各个层次和部门，不同管理层次的决策问题和结构化程度不一，生产产品所依赖的技术和面临的风险也不相同。

信息系统项目同其他项目相比具有明显不同的特点。

1．目标不精确

信息系统项目是一个典型的目的明确、目标却不明确的项目，经常会出现任务边界模糊的情况，并且信息系统项目的质量要求主要是由项目团队进行定义的，而不是用户。

在信息系统开发过程中，由于客户对信息系统的功能指标并不熟悉，常常在项目的开始阶段只有一些初步的功能描述，没有明确的想法，也提不出确定的需求，因此，信息系统的任务范围很大程度上取决于项目组独自所作的系统规划和需求分析。所以，信息系统项目所能达到的质量要求也就更多地是由项目组定义的，客户则只负责对整个项目的监督工作。

2．需求变化的频繁性

随着系统的开发，用户对信息系统的需求也渐渐地清晰明朗起来，并且会不断地提出新的需求，致使项目范围不断地发生变更，最终使得项目进度、项目成本等不断地变更。

即使项目团队成员已经做好了系统规划和可行性研究工作，并且也与客户签订了较为明确的项目合同，然而，随着系统分析、系统设计、系统实施等工作的继续，客户的需求不断地被激发，导致程序、界面和相关的文档、数据库不断地被修改，同时在修改的过程中又会出现新的问题，从而使得信息系统项目的范围不断蔓延，导致整个项目的完成遥遥无期。

3. 项目人力资源的特殊性

信息系统行业本身就是一个高新技术产业，既属于智力密集型产业，又属于劳动密集型产业，受人力资源的影响很大。在我国从事软件开发的公司规模相对较小，员工人数少于 50 人的公司占主导，有的甚至还处于作坊式开发的阶段，公司的开发能力大多依赖于公司中主要技术骨干的开发能力。因此，项目团队成员的结构、责任心、能力和稳定性对信息系统的质量和能否成功完成项目起着决定性的作用。

信息系统项目工作相对比较复杂，需要大量高强度的脑力劳动。尽管近年来信息系统辅助开发工具的应用越来越多，但是项目各阶段还是需要大量的手工劳动来完成，这些劳动要求非常精细、复杂，而且容易出错。此外，信息系统项目本身也属于不可见的逻辑实体，如果人员发生流动，对于没有深入了解软件知识或者对信息系统开发实践经验不足的人来说，很难在短时间内做到无缝承接信息系统的后续实施工作，因此信息系统项目对人员的依赖性很大。

从事信息系统开发的人员多属于技术性人才，这一群体的人性格比较独立，具有较强的个人风格，很难进行管理。为了高质量地完成项目，必须充分发挥项目成员的智能和创新精神，不仅要求他们具有一定的技术水平和工作经验，同时还必须具有相当好的心理素质、责任心和协作能力。此外，在信息系统的开发过程中人力资源成本比重较大，与其他行业相比较，信息系统开发中人力资源的作用更为突出。

4. 产品的隐蔽性

由于信息系统的内容是一系列的代码，与工程类项目最大的区别就是在整个项目开发过程中，它是不可见的逻辑实体。因此，在项目开始之前，必须通过合同明确地描述或定义最终的产品是什么，而且在开发的过程中一定要设置监测点，制订里程碑计划，以监督项目进度。

因为项目在完成之前是不可见的，在项目开始之初需要对项目进行明确定义，并且在系统开发期间要求所有利益相关方参与，尤其是用户的参与，务求对项目的定义或者描述达成一致意见，避免在项目结束时在产品交付物方面出现纠纷。

此外，在设置里程碑计划时要根据项目的整个进度计划适当的设置监测点，而且要明确各监测点需要达到的功能描述及说明。因为信息系统项目在开发初期只能粗略地定义，随着项目的进展，整个项目目标才会逐渐明晰，所以，需要在项目实施过程中不断地进行沟通，需要对项目的成果不断地给予确定。

5．项目的不确定性

信息系统项目的不确定性，是指在项目的存续期内，由于业主或用户的需求变化和环境条件的变化给项目带来不利影响，从而造成项目不可能在规定的时间和预算范围内高质量地完成。不确定性包括人员的不确定性、技术的不确定性、项目需求与期望的不确定性等。

项目团队是为了在一定的时间内完成某个项目而临时建立的组织，其团队成员也是在项目需要的情况下从相关职能部门抽调组成的，并且开发期间由于项目工作范围和内容的不断变化，成员也会随之不断的变更。人员的不确定性，会给信息系统项目的开发增加难度。

信息系统项目所需的信息技术发展迅速，更新周期越来越短，大约每 18 个月信息技术就会升级一次，但是许多项目却需要很长时间才能完成，所以信息系统项目容易因为技术的更新换代而导致价值贬值；另一方面，如果采取新技术进行项目开发，又往往会因为技术的不确定性导致功能无法实现，使得整个项目失败。

此外，由于用户需求变化频繁，信息系统具有高技术特征。在项目之初，用户对其并不了解，进行需求分析时往往较难提出比较明确、完整的要求。然而随着项目的进展，用户对项目的了解逐渐加深，就会不断提出新的要求，致使项目不断调整，甚至发生根本性的变化。需求与期望的不确定性往往成为信息系统项目失败的关键因素。

6．项目的创新性

在信息行业竞争激烈、信息技术和知识不断更新的今天，几乎每家企业都想利用自己企业的知识产权技术为用户设计最先进的信息系统，以强化自己在行业中的优势地位。

1.2　信息系统项目管理

根据美国一项调查显示，只有 37% 的软件项目能够在计划时间内完成，只有 42% 的项目能够在预算内完成。另据统计，在已经实施的软件项目中，大约有 80% 的项目都失败了，只有 20% 的项目是成功的。在这些失败的项目中，据分析有 80% 左右的原因是非技术因素导致的，即绝大部分都是人为因素而造成的。这就是所谓的在信息系统开发过程中存在的"2/8 理论"。在这些非技术因素中，包括团队员工素质问题，用户的参与问题，领导层的支持程度问题，项目系统开发人员与用户的沟通问题，以及项目管理问题等。

很多企业都曾经有过这样的经历，企业投入巨资建设信息系统项目，但往往项目工期一拖再拖，项目人员一变再变，当最终项目建成时却发现系统发生了很大的变化，根本满足不了企业的需要。

决定一个项目成功的因素很多，我们不能绝对地说一个项目的成功与项目管理有着必然的关系，但可以肯定地说，项目管理在信息系统开发过程中发挥着重要的作用，它更像是一种催化剂，使项目的能量得到最大限度的发挥，更有效、更高质量地完成。

1.2.1 项目管理的发展与作用

项目管理是近几十年来发展起来的一门新兴学科。埃及金字塔的建造，中国古代长城的修建，可以说是最早的项目，但是，人们通常认为，现代意义上的项目管理是以曼哈顿计划为开端的。

20 世纪 50～60 年代美国在实施"北极星导弹计划"、"阿波罗登月计划"等大型项目过程中开发了关键线路法（CPM）、计划评审技术（PERT）、矩阵管理技术、国防部规划计划系统（PPBS）等，项目管理进入快速的发展时期。

1965 年成立了世界上第一个首先由欧洲几个国家发起的，而今成员单位遍布世界各地的国际项目管理协会（IPMA）。1969 年又成立了同样具有国际影响力的美国项目管理协会（PMI）。

50～80 年代，项目管理主要应用于军事和建筑领域。这一期间，项目管理被看作是致力于预算、规划和达到特定目标的小范围内的活动。

80 年代后，项目管理已经渗透到社会各个领域，在当今经济和社会活动中占据着重要的地位，全球项目投资和从业人员达到了空前的规模。

所谓项目管理，是基于被接受的管理原则的一套技术方法，并将这些技术或方法应用于计划、评估、控制工作活动中，以按时、按预算、依据规范达到项目理想的最终效果。

项目管理在项目组织中的作用主要体现在以下几个方面。

1．提升项目本身的经济效益

它主要是通过控制项目成本、有效调配项目资源、提升项目团队的生产效率等一系列专业的项目管理活动来达到此目的。

2．提升客户满意度

通过项目的成功实施，可以提高客户对项目乃至对公司整体服务的满意度，从而提升公司的市场美誉度，为公司创造更多潜在的商机。

3．提升项目成员的综合素质

在项目实施过程中对项目成员进行有效的管理，可以充分发挥项目团队成员的潜力和优势。在项目实施过程中为项目团队成员创造发展机会，可以提升成员的个人职业价值和综合素质，进而提升公司的整体实力和市场竞争力。

可以说，项目管理是一门新兴的综合性学科，虽然它在我国发展时间较短，但是非常迅速。它是一种管理方法体系，是一种已获得世界公认的管理项目的科学模式。项目管理的对象是一系列的临时性活动或任务，目的是实现项目的预定目标。项目管理的职能与其他管理的职能完全一致，都是对项目的资源进行计划、组织、领导、控制和创新。

同样，项目管理强调科学管理。在领导方式上，它强调个人责任，实行项目经理负责制；在管理机构上，它采用临时的、动态的组织形式——项目团队；在管理目标上，它坚持效益最优原则下的目标管理；在管理手段上，也有比较完整的技术方法。

近年来，世界各国都开始重视项目的信息化管理，重视现代化项目管理工具的应用。目前，不少软件开发商开发并提供了项目管理软件，如美国微软公司的 Project 2007、美国 Primavera 公司的 Project Planner P3 和 OS/23.0、我国北京梦龙公司的 PERT 3.0 等。这些软件主要用于编排项目的进度计划，通过资源的分析和成本管理，合理配置资源，使项目的计划进度更为合理，同时按计划来安排工程进度，并对进度进行动态跟踪与控制等。

1.2.2　信息系统项目管理的发展

信息系统项目管理的发展是伴随着信息系统技术的发展而发展的，其过程大体经历这么几个阶段：

20 世纪 60 年代，一些大型组织依靠集中式大型机和小型机来承担财务预算和科学计算工作，主要是用自动化方式代替手工方式去处理组织的各种事务。如普通的财务工作、库存管理、人事管理以及生产计划等工作内容，从而提高组织的工作效率、降低生产成本、提高管理效益。此时的信息系统项目的开发多是购买市场上开发的成熟的软件，有时企业也委托一些专业软件公司开发，或自己组织有关技术人员进行开发。这些信息系统的规模普遍不大，系统间的兼容性较差，多是一些独立的信息系统。

20 世纪 80 年代 IBM 公司个人计算机的出现以及人们在社会经济生活中的大量应用，标志着微型计算机时代的开始，集中式大型机或小型机向个人电脑逐步过渡。组织中既有了集中管理的计算机系统，也有了分散于各个用户手中的独立系统。此时的信息系统项目主要以组织的策略、标准以及控制形成一个统一的系统，以保证组织内正在使用的大型机和小型机系统与迅猛发展的 PC 系统共存，并且能够有效地整合在一起。此时的信息系统项目的开发多是购买国外的一些成熟的大型管理软件，有时企业也委托一些专业软件公司开发。组织内的各信息系统普遍规模较大，但系统间的不兼容性问题比较严重，其所依赖的基础管理工作不到位，从而影响到信息系统的应用效果。

20 世纪 80 年代以后，由计算机组成的网络开始在世界风靡，全世界进入了网络时代。在网络时代初期，工作的重点是构建网络基础设施，以支持合作伙伴、战略联盟、供应商以及客户之间的信息沟通。此外，数字融合（Digital Convergence），即数据、声音、图像和视频的集成，使我们可以用一种全新的方式为客户提供全新的产品和服务。此时，各类组织信息系统管理的重点转到根据组织战略和信息管理的需要来委托专业的信息系统开发机构以项目的形式进行信息系统的整体规划，并进行专业的系统开发。各类组织的信息系统具有明显的整体性、系统性、专业性的特点。需要借助于网络平台加强组织内不同部门、不同区域的各子公司，以及不同利益相关方之间的业务联系，以提高沟通的效率和效果。

1.2.3　信息系统项目管理的概念及特点

在所有的项目中，信息系统应该属于相对比较复杂的项目，主要是因为：

（1）信息系统开发所需的最主要的资源是人力资源，而人力资源又往往是所有资源中最难以管理的，是变数最大的资源。

（2）信息系统开发的核心是软件开发，然而软件又是一种无形的、不可见的逻辑实体，属于智慧型产品。同时由于外界影响的不可估测性，以及项目本身性能、质量、效果与效益等方面的指标难以量化，缺乏统一的量化指标，决定了信息系统验收与评价带有明显的主观性特征。

（3）信息系统具有需求多变性的特征。前面谈过信息系统是一种无形的、不可见的逻辑实体，不会像工程项目那样具有明显的实体特征和明确的项目范围。所以在项目实施过程中，项目的用户和业主会提出多方面的变化的需求，影响到项目的正常实施，甚至影响到项目目标的实现。所以加强信息系统项目的变更管理是信息系统项目管理的重点。

信息系统项目管理，就是将项目管理的思想在信息系统开发过程中应用，通过建立一个临时性的项目团队，对项目进行高效率地计划、组织、协调和控制，以实现整个项目的动态管理过程，保证项目目标的实现。

因此，我们可以这样定义：信息系统项目管理，就是在一定的资源条件下和一定的时间期限内，为开发满足用户需求、使用户满意的信息系统而进行的一系列计划、组织、领导、控制和创新的动态活动的集合。

信息系统项目管理的三要素，即进度、质量、成本。在一定的项目范围内，进度、成本和质量是相互制约的：当进度要求不变时，质量要求高，则成本就会增加；当成本不变时，质量要求越高，则进度越慢；当质量标准不变时，进度过快或者过慢都会导致成本增加。

此外，在信息系统项目管理的过程中，利益相关方的满意度显得尤为重要。

1.2.4　信息系统项目管理的意义

信息技术业界有一个非常出名的摩尔定律：每过 18 个月，集成电路的价格降低一半，性能增加一倍。计算机硬件性能的不断升级、网络传输速度的不断提高和客户需求滚雪球似的发展，要求企业不断提升软硬件的集成能力。

从概念上讲，信息系统项目管理是为了使项目能够按照预定的成本、进度、质量顺利完成，而对成本、人员、进度、质量、风险等进行分析和管理。实际上，信息系统项目管理的意义不仅仅如此。进行信息系统项目管理有利于开发人员的个人开发能力转化为企业的开发能力，企业的软件开发能力越高，表明这个企业的软件生产越趋向于成熟，企业越能够稳定发展（即减少开发风险）。信息系统开发企业目前主要是以"项目"的形式进行运作，管理目标是争取让每个项目都能按时完成并保证质量，使"客户满意，公司充满活力"。不可否认，虽然目前信息系统开发公司的项目管理水平参差不齐，对项目管理的重视程度不同，但都以通过项目管理提高生产力、创造效益、提高项目质量，最大限度地满足客户满意度，来提高信息系统开发企业的竞争力和推动公司的发展已得到了业界的公认。

从目前来看，信息系统项目组织面对着这样的现状，即开发的环境日益复杂，代码共享日益困难，需跨越的平台增多；程序的规模越来越大；软件的重要性需要提高；软件的维护越来越困难。为追求软件项目的成功，保证企业的利润，在日益激烈的竞争环境中求得生存和发展，各软件企业都在积极将项目管理引入其开发活动中，对开发过程实行有效的管理。

信息系统的整个开发过程包含信息系统分析、设计和实施及验收等，是一个极具挑战性和创造性的项目，管理上没有成熟的经验可供借鉴。信息技术发展到现在，信息系统所覆盖的范围（最终用户数量、部门数量、地理分布等）日益扩大，一些大型信息系统项目的用户希望在高起点上构建一个覆盖多个业务部门的完整的信息系统，或是希望将原有分散的信息"孤岛"整合成一个完善的信息系统。而现实情况是，各业务部门彼此间的业务职能差异比较大，但又存在相当多的联系。也就是说，应用软件的功能较多，且相互之间又存在着一定的关联。政府、企业等组织部门构筑信息系统所使用的IT产品的品种非常繁杂，影响到产品之间信息的共享和使用效果。因此，要求开发者必须站在整个信息系统的高度上进行全面、完整的分析和设计，以全局的观点定义整个系统的组成内容、每个组成部分的功能和性能，以及相互之间数据交换的方式。只有这样，才有可能开发出一个比较完善的信息系统以满足最终用户的复杂需求。

总结以往信息系统开发项目的经验教训，可以将失败的原因归纳为四大类：项目组织方面出现问题、对需求缺乏明确定义、缺乏计划与控制、项目执行方面与项目估算等方面存在问题。项目的失败原因无一不在项目管理的范畴之内。有效的管理虽然不是项目成功的全部，但缺乏管理的项目肯定是成功不了的。

在我国，信息系统项目的失败几乎成了普遍现象，国内绝大多数的信息系统开发企业多少都在承受着"项目黑洞"的痛楚：项目无法按期完成、项目利益相关方的工作难以协调、用户需求经常变动、工作质量无法保证等。在项目的执行和控制能力方面，改善项目的执行现状、提高核心竞争能力，已成为国内所有信息系统开发企业的一个迫切需要解决的共同课题。

下面是某软件实施项目管理的实践体会。

1. 以客户满意作为项目管理的最终目标

在项目管理过程中，公司管理层发现，有一些项目虽然能够如期完成，费用控制得也比较好，项目产品的性能指标也达到了，但用户往往并不满意。其失败的主要原因是没有真正关心、理解客户的感受与需求。因此，公司把以客户为中心、让客户满意作为项目管理的最终目标，将项目管理实质性地转变为客户管理。

充分满足并挖掘客户需求。信息技术和社会经济的迅速发展，导致IT行业客户需求的多样性、不确定性和个性化，企业和客户之间的界限越加模糊。软件产品或解决方案需要企业与客户在充分沟通的基础上，共同挖掘、提取，客户与企业之间具有很强的互动性。因此IT企业不仅要着眼于技术的变化，而且要同步或超前了解客户的业务需求。

对项目过程不断改进。为了使项目过程更加面向客户，公司进行了组织调整，成立了面向金融、交通、电子商务等用户的事业部，实现了由总经理班子、事业部和项目组的三层组织结构形式，减少了公司内部的协调环节，拉近了开发与市场的距离。

　　项目实施过程需要严格的质量保证体系。在通过 ISO 9001 国际质量体系认证基础上，公司进一步完善项目管理体系，形成了一个以预防为主、全程受控、紧密衔接和有质量保证的项目管理过程，并于 2000 年 9 月首批通过国家计算机信息系统集成一级资质认证。

　　通过增值服务为客户创造价值。项目管理的完成并不意味着项目活动的结束，即 IT 企业不仅要为客户提供高品质的产品和服务，而且要能为客户提供优质的增值服务，这已成为项目管理活动的自然延伸。为此，公司成立了客户服务中心，引入客户关系管理（CRM），对客户的各种信息进行有效的组织和分析，对已经完成的项目进行统一管理和支持，为客户提供 7×24 小时的不间断、全方位服务。

2．项目管理要面向结果，首先要面向人

　　项目管理要以人为本。项目经理首先是人力资源经理，公司坚持"以人为本"的管理理念，把员工个人目标与项目管理和企业发展目标有机地结合在一起，努力把企业建设成学习型组织，培育成优秀的项目管理团队。

　　通过项目为员工提供平台。IT 行业的技术变化快，市场变化快，新项目层出不穷。公司把每个项目比做一个舞台，打破了论资排辈的传统观念，每位员工都有机会登台表演；通过公平、公开选择项目经理和项目成员，使优秀人才不断涌现；通过把员工的发展目标与项目目标的有机结合，使员工在项目的平台上实现自我价值。

　　项目经理的选拔与培养。项目经理队伍建设对于项目管理目标的成功实现至关重要。公司遵循"高起点、高频率、全方位"的原则，加强员工培训和提高项目团队的整体素质。对于项目经理，一方面通过竞争上岗、员工考评等手段，根据员工的业绩、能力和态度，客观、公正、大胆地选拔和任用项目经理。另一方面，在公司推行项目经理资格培训和持证上岗制度，坚持内部培训和外部培训相结合，理论培训和案例分析相结合的培训方式，为员工提供锻炼机会，促进员工到项目经理角色的转变和项目经理队伍的快速成长。

　　项目的考核与激励。正确、合理、量化地评价人才是实施项目管理的一个重要方面。公司在推行全员考评制度，形成了以人才挖掘为目标，以工作业绩为导向，项目考评和职能考评相结合，考核结果与员工晋升、业绩工资和奖金直接挂钩的量化考核办法。项目的量化考核，做到了对每位员工进行客观的评价，为员工提供了公平、公开的竞争机会，增强了员工的工作成就感和价值感。

3．项目组织的延伸

　　随着 IT 市场竞争环境的日趋激烈，一方面，客户需要整体的解决方案和一揽子服务；另一方面，IT 企业很难包揽一切，而是更多地向专业化方面发展，成为市场生态链中的一环。这就要求项目组织更开放、更精益求精、更富有弹性。只有更加灵活、高效地组织企业内外部资源，才能满足客户多方位、低成本、高质量和快捷的服务需求。

　　公司以共赢为基点，以讲求实效、优势互补为原则，不断挖掘和利用外部资源。先后与 IBM、HP、Oracle、Cisco、Microsoft 等多家国际知名企业建立了良好的合作关系，通过产学研合作，从中国科学院、中国工程院、著名高校、学术团体、海内外专家中吸引和聘任了大批优秀人才。他们已成为公司强大的智力支持力量，为公司项目管理的实

施提供了有力的资源保证。

4．项目管理的挑战性和推动力

项目管理的实施，特别是全面推行项目管理，对于 IT 企业而言，不是一个小的改变，而是一种变革，是一项长期、艰巨的任务。它要求公司的企业文化、组织结构、业务流程及有关工具进行全方位的调整和配套，以便与项目管理的实施相适应。

企业领导首先要有开放的心态，勇于改革，不因暂时的困难或挫折而放弃；而且还要有务实的态度，要有相应的措施和落实的力度，推动改革的进程。

作为企业核心价值观的企业文化，也为项目管理提供了根本的指导思想。自 1991 年成立以来，公司树立了"与员工共同发展、与客户共同发展、与合作伙伴共同发展"的企业文化，在实践中不断得以创新、丰富和完善，成为实施项目管理的强大精神支柱。

随着项目规模化、复杂化以及并行项目数量的日益增多，现代化的管理手段和工具已成为有效实行项目管理的必要条件。公司于 1999 年初自行开发建立了基于网络的企业数字神经系统，该系统集项目管理系统、财务管理系统、用户管理系统及人力资源系统于一体，实现了公司信息资源的高度集中和共享，保证了公司资源的动态调配，增强了项目的并行管理能力，提高了项目的全过程监控水平和管理效率。

1.2.5　信息系统项目管理存在的问题

从事过信息系统项目的开发人员几乎都或多或少经历过项目失败的尴尬局面，很多情况下这些失败是可以避免的，但是往往由于对信息系统项目缺乏良好而有效的管理，最终导致项目的失败。项目失败的问题总结归纳为以下几点：

（1）在系统开发启动阶段，用户对系统期望的目标往往比较模糊，开发者与用户间交流语言又不规范，缺乏沟通的技巧和工具，致使双方并没有真正在项目目标上进行清晰的定义且达成彼此认可的一致；或出现"先君子，后小人"的情况，开始时大家都是一团和气，但随着项目的进展，才发现双方的期望有着难以弥补的差距。

（2）超时、超支现象严重。一项调查表明，大约 70% 的软件开发项目超出了估算的时间，大型项目平均超出计划交付时间 20% 至 50%，90% 以上软件项目开发费用超出预算，并且项目越大，超出项目计划的程度越高。

由于信息系统项目目标不明确，用户需求随着项目的开发深度加深而频繁地变化，导致项目计划不断变更，项目范围不断地蔓延，最终造成要开发的系统无法按时交付，甚至一拖再拖，造成客户抱怨，或者使开发者失去市场竞争的机会。有时虽然产品开发出来了，但是整个结果与预算相比严重超支，造成公司亏损。

（3）信息系统质量较差。由于项目初期开发者没有正确理解用户或者市场的业务需求，开发出来的系统无法满足用户或市场的要求，最终不得不对整个系统不断地进行改动，甚至会发生完全返工的严重事故，造成大量的浪费。

（4）项目经理选择不当。很多从事信息系统开发的企业并不重视项目的管理，也不会觉察到企业的发展会因此而受到影响。公司领导往往会以开发本领的高低作为提拔技术人员为项目管理人员的标准，那些开发本领高的员工往往被指定为项目团队的项目经理。他们虽然在技术上是拔尖人才，但不一定是很好的管理人选。在大多数情况下，这些"项目经理"缺少人际沟通和协调能力，缺少项目决策的技巧，缺乏足够的项目管理经验。在系统开发过程中，"项目经理"往往热心于对信息系统的分析、设计、编码、测试等具体的技术工作，而忽视项目管理工作。这样设置的项目经理形同虚设，容易导致整个项目失控。

然而在现实中，项目经理既担当项目开发人员的角色，又担任管理者的角色，而项目开发过程中的各种决定由开发技术人员来做，造成项目管理缺少系统性；并且开发过程中发现的问题，都是由技术人员协商进行解决。这种无分工、无秩序的管理状态，势必导致最终开发的信息系统达不到应有的功能、性能和质量要求，无法满足用户的需求，因而增加项目失败的风险。

（5）项目计划不完善。项目计划是项目经理实施项目管理和进行项目控制的基础。然而在现实的信息系统开发过程中却发现项目计划制订得不够严谨，随意性大，可操作性较差，在实施过程中无法遵循。没有良好的计划和目标，项目的成功就无从谈起。大多数情况下，计划不完善的原因主要是以下几方面：

① 工作量估计不足，责任范围不明确，任务分配不合理。工作分解结构与项目组织结构不明确或不相适宜，各成员之间的接口不明确，导致有一些工作责任无人或多人共同负责的现象出现。

② 对每个开发阶段要求提交的结果定义不明确，很多的中间结果是否已经完成，完成了多少则是模糊不清，结果到了项目后期堆积了大量工作。

③ 计划中的里程碑和监测点不合理或者数量有限，一些关键之处干脆没有指定里程碑或监测点，也没有规定设计评审期等。

④ 计划中没有包含相关的管理制度，没有规定进度管理、成本管理和质量管理的方法和职责，导致项目主管和项目经理无法正常进行有效的项目管理。

⑤ 项目风险意识不足。项目的风险意识就是项目的失败意识，是对这种局面的可能性的警惕。当启动一个项目时，人们往往憧憬项目成功运行时的骄傲，却很少考虑到失败的可能性。有了风险意识，我们就会小心翼翼地处理许多项目业务需求、技术方案和组织管理问题。

市场竞争激烈和市场成熟度的不足，可能导致信息系统应用开发项目的恶性竞争风险。客户希望物美价廉，会增加需求，压低价格，缩短进度；信息系统开发企业唯恐出局而拍胸脯、打保票，忽视了必要的、科学的可行性分析和评估，签订不可能完成的项目合同。这样的项目一开始时就注定了巨大的风险。

李廷恩和赫尔斯海姆归纳了信息系统项目失败的 4 种类型：

① 技术失败，是指信息系统的技术方案的设计无法达到目标的要求。由于项目先天不足，导致失败。

② 过程失败，是指一个项目没有按时完成，并超过了预算范围。由于项目的生命期管理和项目的计划和过程控制出现问题，造成项目的过程管理失控，没有达到项目合同的要求。

③ 交互作用失败，在系统没有按照原定的计划实施时就会发生。如果一个系统在预

算范围内按时完工，并且符合技术标准的要求，但是目标用户并不接受，这时就会出现交互作用失败。这可能是由于用户存在偏好，愿意继续使用原来的系统，或者是因为这个信息系统不能有效地解决问题。

④ 预期失败，在一个系统没有达到项目投资人的预期目标时就会发生。可能这个系统在技术上是可行的，而且能够在预算范围内按时完工，甚至可能正在使用，但是它没有达到管理层的期望。

1.3　信息系统项目管理的理论基础与框架

信息化项目管理是针对信息化项目的特点，采用现代化的项目管理理论和方法，对信息化工程项目进行全面的规划、跟踪和控制，保证结果达到预期目标。

从有关信息化项目管理的介绍可以看出，信息化管理工作涉及实施单位的管理、技术、人员等各个方面，影响因素众多，关系复杂，其设计、开发、实施都需要进行有效的管理。由于信息化工程符合项目的所有特征，因此需要运用项目管理的思想和方法，提高信息化项目的成功率。信息系统项目的管理流程如图 1-1 所示。

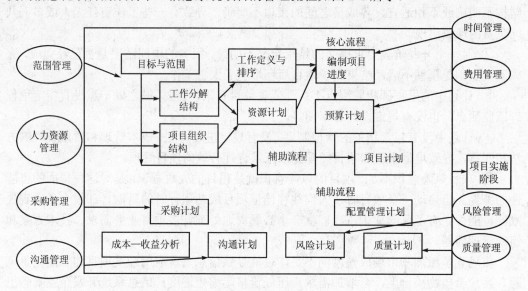

图 1-1　信息系统项目的管理流程

1.3.1　信息系统项目管理的系统构成

信息系统项目管理涉及多个方面的因素，是一个系统工程，如图 1-2 所示，需要进行整体的、系统的把握和管理。在实施信息系统项目的管理过程中应该把握以下重点内容。

首先要把握项目的特征，即项目的独特性、一次性、系统性、制约性、风险性、过程渐近性。

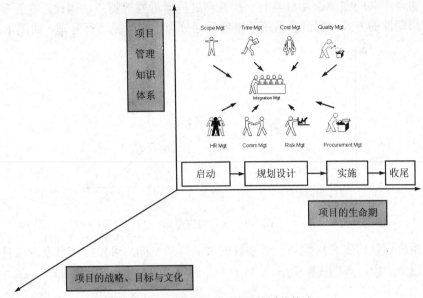

图 1-2　信息系统项目管理的系统构成

其次要掌握项目管理知识体系（PMBOK）。PMI 经过多年的努力，建立了项目管理知识体系。目前第三版在 2004 年已经出版（电子工业出版社翻译出版），它是项目管理人员从事项目管理应具备的基本知识，是项目管理的基础。

把握项目的生命期。信息技术项目是应用人员通过项目流程和工具来执行项目启动、计划、实施、控制以及收尾的工作，通常被称作"信息系统开发生命周期"的步骤来创造各种可交付成果。

1.3.2　项目的战略、目标与文化

信息系统项目开发基于一定的系统需求，这种需求是可以被满足的。在项目启动阶段，项目组织的任务就是找出并明确这种需求，通过项目概念化文件来确定。项目战略是基于项目的需求和定位来确定的，它确定了项目管理的方向，是项目策划、项目规划、设计和实施的基础和前提。

信息系统项目计划阶段是以项目目标和范围的明确为开端的。只有明确了项目的目标和范围，项目团队才能正确地定义自己应该做什么、怎么做、何时做、谁来做、最终得到什么样的产品。这些工作正是项目计划所应包括的内容，其他工作是依据它们来进行的。

项目文化，是指项目团队员工在长期的创业和发展过程中，形成的为项目组织成员所积极认同并享有的整体价值观念、信仰追求、道德规范、行为准则和习俗作风等。它是基于项目组织的文化和项目业主的需求以及项目的定位来确定的，对增强项目团队凝聚力、创造良好的组织气氛、提高团队的士气、保证项目的成功起到重要的保证作用。

1.3.3　信息系统项目的生命周期

项目管理过程是一个复杂的系统工程，涉及多个学科、多个部门，需要多个利益相

关方的密切合作共同完成。项目具有一次性和过程渐近性等特点，因此，在管理过程中必须采取周期性的方式，把信息系统开发项目划分为不同阶段进行管理，如图 1-3 所示。

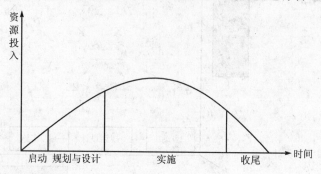

图 1-3　项目的生命期

信息系统项目的生命周期与一般项目的生命周期一样，可以将信息系统项目生命周期划分为四个阶段，如图 1-4 所示。

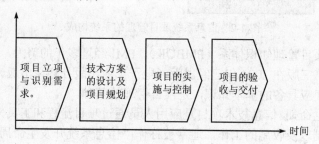

图 1-4　信息系统项目的生命期

1. 项目立项与识别需求

当需求产生，也就意味着项目开始。这一阶段的主要任务是确认用户需求，对项目进行可行性分析，包括经济可行性、技术可行性和社会可行性，同时组织专家对项目进行评估和论证，对比自己企业的开发能力，做出科学的决定，作好项目的立项工作。这个阶段是以用户提出明确的需求说明书或者招标书为结束标志，这个阶段信息系统开发企业与用户同时参与，不仅可以真正地了解用户的需求，还可以建立两者良好的客户关系，为今后的投标和合作打下基础。

信息系统开发企业提出解决方案，进行投标。这一阶段的关键是赢得项目，如果投标工作顺利，双方便签订合同。在签订合同时最需要注意的问题是：由于信息系统本身是一个看不见的逻辑实体，开发企业需要科学地、真实地对项目进行阐述，不可过度承诺，避免给企业造成损失。

2. 技术方案的设计及项目规划

项目开发小组应根据业主和用户的需求提出明确的技术方案，该方案经过专家的论证，并与业主充分沟通后达成共识并正式确认。在项目实施之前需要进行项目的规划并编制一个可行的计划，以便实现项目所要满足的商业要求。它主要包括：明确项目的目标、项目的范围、项目的进度（各项活动的实施时间）、项目的成本、项目的质量、项目的风险、实施人及责任，项目的组织及项目所需的资源等。

3．项目的实施与控制

在这一阶段的主要任务是：项目团队在项目经理的领导下，根据项目的规划和计划，协调人力和其他资源；依据设置的检查点定期对项目进行监督，及时发现偏差并采取措施。由于信息系统项目具有很大的不确定性，因此在制定项目计划时要充分考虑信息系统开发的风险因素，并设置风险防范措施，以便及时发现和解决问题。

4．项目的验收与交付

这一阶段主要是对信息系统项目产品进行最终的测试和验收，并移交最终产品，帮助客户实现需求。在这期间还必须增加一些特殊任务：负责对该信息系统的用户进行相应的培训；系统移交给维护人员，对项目进行评估；清算项目的款项，并进行项目知识总结；分派项目团队成员到各自的职能部门或者到别的项目组中；最后，举行庆祝会议，让项目团队成员释放心理压力，享受项目成果。

1.3.4　项目管理的知识体系

作为具有重要世界影响力的项目管理组织——美国项目管理协会（PMI），制定了项目管理知识体系，具有 9 个独立的知识领域。

1．项目整体管理

项目整体管理工作由项目计划编制、计划实施、综合变更控制等过程组成，它是对项目各要素进行综合调整和控制，使项目管理各个阶段、各个过程、各种资源、各项目标得以有机整合的综合管理工作。因此，建立系统的管理理念，树立全局和整体的思想，对项目的各项工作进行综合把握，是项目整体管理的核心内容。

2．项目范围管理

项目范围管理根据客户和业主的需求及项目的目标准确定义核准项目的范围，并在必要时调整和变更项目范围，对项目的范围实施有效的控制和管理。需要强调的是，项目范围管理应保证"只做该做的工作"。多做工作会增加成本，造成工期的拖延；少做工作将不能完成项目的任务，不能实现项目的目标和满足业主的要求。

3．项目时间管理

项目时间管理把项目范围分解成若干活动（WBS），定义项目活动的内容，估算项目活动的时间，安排项目活动的先后顺序，并进行相应的进度计划编制、优化和控制等，这是项目管理的基础和前提。

4．项目费用管理

项目费用管理包括估算每项活动的成本，进而对项目的总成本及各项活动成本进行预算，进行项目资金的筹集与分配，在项目实施过程中进行费用控制等内容，以确保在预算范围内完成项目任务。

5．项目质量管理

项目质量管理，是指为使项目能达到用户预先规定的满意的质量要求和标准所进行的一系列管理与控制工作。包括进行项目质量规划、建立项目质量保证体系、安排项目质量保证措施、设定项目质量控制点、对每项活动进行质量检查和控制，对项目质量活动进行质量改进等工作内容。

6．项目人力资源管理

项目人力资源管理的目的，是使参加项目的人员均能最大限度地发挥作用。在项目实施过程中，具有不同性格、专业背景、工作习惯、工作方式的人聚集在一起工作，加之项目的组织结构多为临时的，许多人又是身兼多职，所以人力资源的管理在项目管理中尤为重要。它包括组建项目团队、制定人力资源规划与计划、人员培训、激励与协调员工等工作。

7．项目沟通管理

项目具有投资规模大、利益相关方和参与人员多以及项目管理复杂、项目生命期长等特点，在实施过程中会出现一些冲突和矛盾，将影响到项目的管理的成效和顺利实施。在项目实施过程中应该重点关注和加强项目信息的沟通，所以，必须定期、不定期地在项目团队成员、直接上级主管、用户等各种与项目相关的人员之间进行有效的沟通和协调。

8．项目风险管理

项目具有不确定性特点，应加强项目的风险管理工作，包括识别风险、进行风险分析（定量分析和定性分析）、制定相应的对策、进行风险控制，使项目的风险隐患得以避免，并且能够最大限度地减少风险所带来的损失。

9．项目采购管理

项目采购管理，是指为了保证项目顺利实施所需要的物资、服务或信息的获取过程，通常包括制定采购计划、选择供应商和相应资源、进行合同管理等内容。

 **思考题**

1．什么是信息系统项目？其特点是什么？
2．什么是信息系统项目管理？其作用主要体现在哪些方面？
3．简述项目管理的知识体系。
4．什么是项目的生命周期？简述信息系统项目的生命期。
5．项目目标管理在信息系统项目中将起到什么作用？

第 2 章　信息系统项目立项管理与项目启动

通过本章学习，读者可以：

- 了解项目立项目的过程。
- 了解项目需求建议书的内容。
- 掌握信息系统项目可行性研究的步骤和内容。
- 了解如何进行信息系统项目的筛选与决策。
- 掌握信息系统项目的启动过程。
- 掌握信息系统项目启动的内容。

新学期伊始，新上任的某高校信息部主任王强，快步地走进办公室，面带微笑地与同事打着招呼。作为国内一所知名高校，其信息技术的应用在过去的几年里得到了迅速发展。校园里有配有电脑供老师和学生使用的教室，另外还有配套的教学工作站和投影系统。王强在得知同城有几所高校开始要求学生网上选课并实现在线作业提交后，对这个做法感到新奇，和几个同事去这些高校进行考察，所见所闻让他们印象深刻。回来后，王强则迫不及待地和同事编制计划，准备要求本校学生也进行网上选课和提交信息技术内容方面的课程作业。

9月份，王强给全体教职工发了一封电子邮件，简要描述了这个计划和一些设计内容，结果几乎没有响应。直到12月份的教师会议上，他又再次给大家介绍了这个计划的细节，遭到历史学院、英语学院、哲学学院、经济学院等院长的反对。他们认为这所高校不是网络培训学校，网上选课将会打乱学院已经做好的各项工作部署，这种项目简直就是荒唐可笑；计算机学院的人表示他们的学生已经在各自电脑上完成相应作业并有老师进行批改，但是，由于网络安全的问题可能导致不良后果；成教学院的院长也担心学生不愿意增加学费，用以增加电脑设备的购置。听他们的反映之后，王强很吃惊，呆坐在会议桌前，若有所思。

项目的立项和启动过程常常被误认为是一个过程。其实，上述两个过程有着明显的区别。项目启动是项目管理过程之一，指正式批准新项目，或者批准现有项目进入下一阶段的过程。项目启动后进入项目计划过程，项目计划过程保证项目目标的实现，而立项管理正是确定项目的目标、立项决策是否正确，直接导致整个企业的成败；正式启动过程将项目与实施组织的日常工作联系起来。立项批准后进入项目管理范畴，可以进入项目启动阶段。由此可见上述两个过程之间既紧密相连又存在差异，把上述两个过程混为一谈是一种错误的认识。一个项目的成功启动离不开项目组或项目经理，但仅仅依靠项目组和项目经理是无法实现项目的成功启动的，必须具备各种相应的条件才得以实现。一个完整的项目启动过程要符合相应的流程，并完成必要的项目启动工作内容。同时，项目要能够获得组织内外各种必要的资源，最重要的是项目要能够得到各利益相关方的支持。

2.1　信息系统项目机会研究

作为项目的一种特殊形态，信息系统项目管理既有一般项目管理的普遍性，又有其作为信息系统项目行业的专业特性。因此，在对信息系统开发项目进行项目机会研究时，除了要研究一般项目所涉及的因素，还要考虑到对信息系统开发这一特殊行业的重要影响因素。

2.1.1　信息系统项目一般环境研究

任何项目都与其所在的环境息息相关，外界环境可以决定一个项目的取舍成败。信息系统的开发同样要考虑外部环境的影响。因此，在进行项目决策时，首先要考虑的就是外界环境条件是否适宜进行项目开发。

通常情况下，对一个重要的项目立项，首先要进行一般机会研究。一般机会研究，是项目机会考察的最初阶段，通常是由项目的投资者或经营者通过掌握大量资料，经过分析和比较，从错综复杂的情况中甄选出投资机会，最终确定项目的投资。项目一般机会研究的主要内容包括考察宏观经济和地区状况，对经济和产业形势做出预测，同时预测行业、地区和部门的发展前景。具体到信息系统行业，一般机会研究更需要有针对性。

首先，信息系统项目不同于其他项目。信息系统产业不像其他产业一样能够产生最终的消费者价值，而是通过服务其他行业和部门，分享利润。因此，信息系统项目的机会研究中对行业的研究不仅有对软件开发行业的现状以及发展前景的研究，更重要的是关注服务目标行业或者部门的状况，目标产业的衰退将直接导致对信息系统需求的不景气。

其次，由于信息系统项目属于软件项目的范畴，并不需要太多的自然资源，而是对专业的人力资源有更高的要求。因此，信息系统的开发一定要选在软件人才比较集中的地区和国家进行。但是，日益的全球化和软件业务的外包降低了人才对软件开发的地区限制，企业可以通过将基本开发业务转移到人力成本较低的国家和地区，以降低成本，提高利润。对信息系统项目来说，一般机会研究需要提供以下数据作为依据：

（1）经济发展及产业结构预测。

（2）社会发展现状及趋势预测。

（3）相关的法律和政策。

（4）相关部门的发展情况及增长趋势。

2.1.2　特定项目机会分析

在一般机会研究之后，需要进行特定项目机会研究。特定项目机会研究，是在一般机会研究确定了信息系统项目开发的方向后，通过掌握更详细的资料，进一步地筛选，将项目投资方向转化为概略的项目提案。特定的项目机会研究和项目选择要比一般机会研究更为细致深入，也更趋向于微观研究。其研究内容主要包括以下几个方面。

1．市场研究

市场研究是指对已经选定的项目领域和投资方向中多个项目意向进行市场调查和市场预测，同时概括地了解与项目意向相关的需求。

2．项目意向的外部环境分析

项目意向的外部环境分析与一般机会研究是不同的。一般机会研究是在对外界环境进行分析的基础上，识别问题，发现机会；而项目意向的外部环境分析则是在发现机会以后，为了研究机会的可行性和吸引力，对外界环境进行的有针对性的研究，研究的结果是大致判断该机会是否真实存在的依据。

3. 项目机会研究方法

对项目机会进行分析的方法有很多种，常用的一种方法是 SWOT 分析法，如图 2-1 所示。SWOT 分析法通过分析选定项目的优势、劣势，项目发展的机会和问题所在，以及优势和劣势之间的相互转化途径和机会与问题之间的转化途径，最后进行机会评价。

优势分析（S）	劣势分析（W）
机会分析（O）	问题分析（T）

图 2-1　项目机会研究的 SWOT 分析结构

SWOT 分析的作用是分析项目投资方与承包方在这一环境和领域中的优劣势，明确在该领域投资开发信息系统成功的可能性。信息系统项目与其他项目不同，信息系统项目开发完成后，在一定程度上是可以低成本复制的，也就是说为一个企业或客户开发的信息系统，经过一定程度的修改可以用到别的企业中去。而其他的项目不具备低成本复制的可能，例如，在一个钢铁项目建设完成后想要建一个同样的项目，花费的成本与第一次建设差距不会太大。因此，要谨慎进入这一领域，在确保项目能够成功的情况下才能投资。

2.1.3　信息系统项目需求分析

在通过了项目机会研究之后，紧接着要进行的就是项目需求分析，也就是分析信息系统的需求。任何一个项目都是为了满足某种需求而存在的，信息系统也不例外。信息系统主要是用来满足人们存储、挖掘和使用数据信息的要求，不同的系统面对的用户和所需要处理的信息不同，其功能和结构也会有很大的区别。因此，建立一个信息系统必须要满足相应的需求。识别需求是项目启动阶段的首要工作，起源于需求的产生，结束于需求建议书的发布。一个完整、清晰、正确的需求建议书是今后计划和执行项目的基础。客户向承包方发出需求建议书的过程实际上包含在项目招标文件中，根据客户需求建议书，承包方进行项目识别、项目构思、项目选择，最后向客户提交项目建议书，这一过程实际就是投标过程。

1. 客户项目需求识别

客户的需求是基于某些方面的变化而产生的，需求识别的主要目的就是对内外部环境进行分析，发现环境中的变化趋势，把这些变化以及由此而产生的需求辨别出来并加以分析。客户需求主要来源于以下几个方面：

（1）市场需求。市场需求是由于市场变化而产生的，客户对于市场需求的响应直接导致了对项目的需求。如为回应众多小型公司无力购置专门的信息管理软件的状况，某一系统开发商专门针对这一行业的小公司业务简单，财务能力差，组织结构灵活开发一款通用的可以 DIY 的信息系统套餐组合。

（2）发展需求。发展需求是客户基于自身发展的需要，为提高自身能力而产生的对项目的需要。例如，一家公司为了提高对客户的响应能力和速度，建立一个 CRM 信息系统。

（3）技术需求。技术需求是指由于技术的发展进步所引起的需求。随着技术进步，原有的比较落后的系统将会不断地被市场所淘汰，为了维持发展，企业不得不开发新的系统。例如，某公司原有的系统只能处理一些文字信息，而随着技术不断发展，信息的格式不断地多元化，为了能够更快更好地处理更多的信息，该公司决定开发一个新的系统。

（4）竞争需求。竞争需求是指客户在受到竞争压力，或者是主动要求提高自身竞争力的情况下所产生的对项目的需求。例如，某公司为了提高自身竞争力而开发一套快速物流信息系统，增加物流处理效率。

客户对上述需求的反应将会成为项目需求，但这种需求很笼统，只是一个粗略的概况，或许客户自身都不能清晰的表达自身需求。因此，需要进一步地研究和分析自身状况和条件，考虑项目的经济效益和目标，以充分明确项目需求。

需求的识别和定义过程对客户和项目本身是十分重要的，错误的项目需求会导致整个项目的失败，因为需求定义是整个项目工作的基础，也就是决定项目是"做什么"的，后续的工作都是围绕"怎么做"展开的。

由于项目会涉及方方面面的问题，需求比较庞杂。因此，为了使项目开发的相关组织和人员能更好地理解项目需求，也为了明确界定各方的责任和义务，在定义项目需求的最后阶段要将需求定义的结果形成专门的文档，也就是在项目需求定义阶段的成果——项目需求建议书。

2. 编制项目需求建议书

项目需求建议书（Requirement For Proposal，RFP）是客户发出的，用来向项目承包方说明如何满足其已经被识别出来的项目需求，以及所要进行的全部工作的书面文档。详细的项目需求建议书能让项目承包方明确客户需要什么样的项目产品，同时，这也是项目承包方完成项目投标文件的基础。

需求建议书一般都是正式文件，但也有以非正式文件出现的情况，比如对于内部项目，就可能不会产生格式标准且正式的需求建议书。

标准的需求建议书一般应该包括以下内容：

（1）项目工作陈述。项目工作陈述涉及的内容主要是项目的工作范围，客户应再次明确指出承包方要完成的工作任务中所涉及的内容或者任务范围。信息系统项目的工作陈述应该明确表明客户需要的是什么，比如说是更新完善现有的信息系统，还是建立一个全新的系统替代当前系统；工作是仅仅完成系统开发，还是在完成系统开发后要继续进行后期的维护。

（2）项目目标要求。客户在需求建议书中必须明确规定项目可交付成果的规格、技术性能和特征。如：响应时间、更新处理时间、数据的转换和传送时间、数据处理能力、可维护性、可补充性、易读性、可靠性、运行环境可转换的特殊要求等。

（3）客户供应条款。客户供应条款中列出了在项目执行期间，客户能够为项目承包方所提供的资源和支持。

（4）客户付款方式。这是项目承包方最为关心的内容之一，也就是客户预计在什么时候，以什么方式向项目支付多少资金。

（5）项目时间要求。项目时间要求指的是客户要求项目在什么时间结束，也就是项目的完成日期。由此可以推算大致的项目进度计划，使得承包方可以判断能否在规定时间内完成软件开发和交付。

（6）对承包方项目招标文件的要求。需求建议书会规定有关承包方项目申请书的内容、格式和提交的截止日期，以便能够公平合理的选择承包方。

（7）对承包方项目投标文件的评价标准。投标文件涉及的项目评价标准具体如下：

① 申请方提出的技术方案；

② 申请方在类似系统开发中的经验和成绩；

③ 项目成本；

④ 进度计划。

2.1.4　信息系统项目选择

1. 项目构思

项目构思又称项目创意，是指项目承包方根据客户的需求建议书的规定和内外部环境的实际情况，提出能够满足客户要求的各种项目方案，用以进行项目的选择和可行性研究。

为了能更好的满足客户需求，保证项目的顺利进行，一般要提出多个项目解决方案，每种方案都有其各自的特点和长处，用户需要根据自身条件和限制进行选择。

和其他项目一样，信息系统项目也需要进行项目构思，项目构思最常用和有效地方法是头脑风暴法，发挥开发人员和客户的想象力，产生尽可能多的方案创意。

信息系统项目方案需要包含以下内容：

（1）系统平台。任何信息系统都是基于一定的操作系统平台的，不同的操作系统所要求的开发方法和资源都不相同。目前主要的两大操作系统是微软公司的视窗操作系统（Windows）和开源操作系统 Linux。

（2）系统数据库结构基础。信息系统需要一个合适的数据库结构，数据库的选用要依据客户处理信息的实际需求来进行。

（3）系统开发语言。信息系统中的程序编写和开发需要用到相应的计算机语言，不同计算机语言编制的程序的性能、维护和后续开发也不尽相同，因此，要考虑到客户的实际情况，选用客户能够接受的，易于维护的语言进行编写。

（4）系统硬件配置。计算机系统的运行需要计算机硬件的支持，随着硬件的快速更新，如何选择一个合适的硬件也将成为构架信息系统的重要考虑因素。

（5）信息系统的基本功能。信息系统项目的最终目的是为客户开发一个具有合适功能的信息系统，因此，该系统的功能是双方最为关注的问题。在项目构思阶段，项目承包方应该根据客户的需求建议书提出系统的基本功能模块，让客户初步了解方案所实现的系统是如何进行操作的，并且是否能够满足客户的需求。

（6）项目方案的大致预算。在项目的构思阶段，无法得到项目需要的详细预算，但大致的预算是必须的，对于一些资金较紧张的项目，很可能由于预算问题而淘汰一些方案。

2．项目选择标准

由于各种条件，比如人、财、物等方面的限制，并不是项目承包方提出的所有的项目方案都能满足客户的需求，因此需要对这些项目方案进行初步的筛选。项目选择就是由客户根据自身条件，从项目承包方提供的项目方案中，经过初步的分析，去除那些明显不符合要求的方案。被去除的方案就不再需要进行可行性研究，避免浪费资源。

信息系统项目方案的初步选择主要考虑以下几个指标：

（1）人员因素。人员因素，指将要进行信息系统具体操作的员工的技能水平、员工接受新系统的能力。新系统要考虑员工接受能力，如果员工普遍感觉接受起来很困难，或者是在短期内无法接受，那么这种方案就不是一个理想的方案。

（2）技术因素。技术因素是指客户企业的内部信息系统管理和维护的技术水平。信息系统在开发完成交付客户后，经过一定时间的试运行，主要的维护工作就由开发方转移给实际使用方。因此，选用的系统方案要符合客户的技术水平，或者说是客户能够在一定情况下达到的水平。比如，企业可能为了更好的利用信息系统而专门招聘了水平更高的系统维护人员。

（3）组织因素。客户的组织因素对信息系统选择的影响主要在于组织结构。新建立的信息系统权限和操作框架要与客户现有的或者经过改造后的组织结构相适应。

（4）财务指标。财务指标也是一个比较重要的影响因素，不同的项目方案的预算可能差距较大，因此，客户会根据自己的资金实力和项目预算选择合适的项目方案。

3．项目选择方法

目前项目选择的方法种类较多，通常可以把项目选择的方法分为定性分析方法和定量分析方法。定性分析方法主要包括头脑风暴法、德尔菲法、专家会议法等。定量分析方法通常包括模糊综合评价法、层次分析法等。在实际项目选择过程中以定性的分析方法为主，同时使用定量分析方法。在此选择实际中常用的几个方法进行简单介绍，有兴趣的读者可以阅读相关书籍和文献。

1）头脑风暴法

头脑风暴法（brainstorming）的发明者是现代创造学的创始人——美国学者阿历克

斯·奥斯本于 1938 年首次提出的。头脑风暴法（brainstorming）原指精神病患者头脑中短时间出现的思维紊乱现象，病人会产生大量的胡思乱想。奥斯本借用这个概念来比喻高度活跃并且打破常规的思维方式而产生大量创造性设想的状况。头脑风暴法的特点是让与会者敞开思想，使各种设想在相互碰撞中激起脑海的创造性风暴，可分为直接头脑风暴和质疑头脑风暴法。前者是在专家群体决策基础上尽可能激发创造性，产生尽可能多的设想的方法；后者则是对前者提出的设想，方案逐一质疑，发现其现实可行性的方法。这是一种集体开发创造性思维的方法。

头脑风暴法力图通过一定的讨论程序与规则来保证创造性讨论的有效性，由此，讨论程序构成了头脑风暴法能否有效实施的关键因素。从程序来说，组织头脑风暴法关键在于以下几个环节：

（1）确定议题。一个好的头脑风暴法从对问题的准确阐明开始。因此，必须在会前确定一个目标，使与会者明确通过这次会议需要解决什么问题，同时不要限制可能的解决方案的范围。一般而言，比较具体的议题能使与会者较快产生设想，主持人也较容易掌握；比较抽象和宏观的议题引发设想的时间较长，但设想的创造性也可能较强。

（2）会前准备。为了使头脑风暴畅谈会的效率较高，效果较好，可在会前做一点准备工作。如收集一些资料预先给大家参考，以便与会者了解与议题有关的背景材料和外界动态。就参与者而言，在开会之前，对于要解决的问题一定要有所了解。会场可作适当布置，座位排成圆环形的环境往往比教室式的环境更为有利。此外，在头脑风暴会正式开始前还可以出一些创造力测验题，以便活跃气氛，促进思维。

（3）确定人选。一般以 8～12 人为宜，也可略有增减（5～15 人）。与会者人数太少不利于交流信息，激发思维；而人数太多则不容易掌握，并且每个人发言的机会相对减少，也会影响会场气氛。只有在特殊情况下，与会者的人数可不受上述限制。

（4）明确分工。要确定一名主持人，1～2 名记录员（秘书）。主持人的作用是在头脑风暴畅谈会开始时重申讨论的议题和纪律，在会议进程中引导启发，掌握进程。如通报会议进展情况，归纳某些发言的核心内容，提出自己的设想，活跃会场气氛，或者让大家静下来认真思索片刻再组织下一个发言高潮等。记录员应将与会者的所有设想都及时编号，简要记录，最好写在黑板等醒目处，让与会者能够看清。记录员也应随时提出自己的设想，切忌持旁观态度。

（5）规定纪律。根据头脑风暴法的原则，可规定几条纪律，要求与会者遵守。如要集中注意力积极投入，不消极旁观；不要私下议论，以免影响他人的思考；发言要针对目标，开门见山，不要客套，也不必做过多的解释；与会者之间相互尊重，平等相待，切忌相互褒贬，等等。

（6）掌握时间。会议时间由主持人掌握，不宜在会前定死。一般来说，以几十分钟为宜。时间太短与会者难以畅所欲言，太长则容易产生疲劳感，影响会议效果。经验表明，创造性较强的设想一般要在会议开始 10～15 分钟后逐渐产生。美国创造学家帕内斯指出，会议时间最好安排在 30～45 分钟之间。倘若需要更长时间，就应把议题分解成几个小问题分别进行专题讨论。

头脑风暴提供了一种有效的就特定主题集中注意力与思维进行创造性沟通的方式，无论是对于学术主题探讨或日常事务的解决，都不失为一种可供借鉴的途径。唯需谨记的是，使用者切不可拘泥于特定的形式。因为头脑风暴法是一种生动灵活的技法，应用这一技法的时候，完全可以并且应该根据与会者情况以及时间，地点，条件和主题的变化而有所变化，有所创新。

2）德尔菲法

德尔菲法最早出现于 20 世纪 50 年代末，是当时美国为了预测其"遭受原子弹轰炸后，可能出现的结果"而发明的一种方法。

德尔菲法本质上是一种反馈匿名函询法。其做法是，在对所要预测的问题征得专家的意见之后，进行整理、归纳、统计，再匿名反馈给各专家，再次征求意见，再集中，再反馈，直至得到确定的意见。其过程可简单图示如下：

匿名征求专家意见——归纳、统计——匿名反馈——归纳、统计……，若干轮后，停止。

它是一种利用函询形式的集体匿名思想交流过程，有区别于其他专家预测方法的三个明显的特点，即匿名性、多次反馈和小组的统计回答。

3）层次分析法

层次分析法（Analytic Hierarchy Process，AHP）是美国运筹学家 Saaty 教授于 20 世纪 80 年代提出的一种实用的多方案或多目标的决策方法。主要特征是，合理地将定性与定量决策结合起来，按照思维、心理的规律把决策过程层次化、数量化。该方法自 1982 年被引进国内以后，以其定性与定量相结合处理各种决策因素的特点和其系统灵活简洁的优点，迅速在我国社会经济的各个领域内得到广泛的重视和应用。

（1）层次分析法的基本思路是：首先将所要分析的问题层次化，根据问题的性质和所要达到的总目标将问题分解为不同的组成因素，按照因素间的相互关系及隶属关系，将不同因素按不同层次聚集组合，形成一个多层次分析结构模型，最终归结为最低一层（方案、措施、指标等）相对于最高一层（总目标）的相对重要程度和权值或相对优劣次序的问题。

（2）层次分析法应用的程序。运用 AHP 进行决策时，需要经过以下四个步骤：

① 建立系统的递阶层次结构；

② 构造两两比较判断矩阵；

③ 针对一个标准，计算各备选元素的权重；

④ 计算当前一层元素关于总体目标的排序权重；

⑤ 进行一致性检验。

（3）应用层次分析法的注意事项。如果所选要素不合理，含义含混不清或要素间的关系不正确，都会降低 AHP 法的结果质量，甚至导致 AHP 决策失败。

为保证递阶层次结构的合理性，需要把握以下原则：

① 分解简化问题时把握主要因素，不漏不多；

② 注意相比较因素间的强度关系，相差太悬殊的要素不能在同一个层次比较。

2.2　信息系统项目可行性研究

在对项目方案进行初步选择之后，就可以开展下一步的项目可行性研究，对项目方案进行最后的选择。项目方案选择对项目做出筛选仅仅是使用比较粗略的方法，对明显不符合要求的方案进行剔除，这种选择方法的好处是成本较低，时间较短，而且比较有效。但是，对于那些不是很明显的，从一些简单的定性指标上无法判断是否可行，或者说是无法进行优选的方案，有必要用详细可行性研究的方法，进一步研究。

2.2.1　信息系统项目可行性研究的目的和依据

1．可行性研究的目的

可行性研究的目的，就是识别项目的约束条件、可选方案及相关的各种假设，在尽可能短的时间内确定问题是否可以被解决，同时衡量解决方案的利弊，从而判断信息系统项目目标和规模是否能够实现，以及项目完成后是否能够实现预期的效益和效果。

2．可行性研究的依据

进行信息项目可行性研究的依据包括：

（1）组织的整体战略、宗旨、愿景；

（2）项目建议书；

（3）项目约束条件、假设和限制，例如：

- 系统运行的寿命
- 方案比较的限制时间
- 经费、投资方面的来源及限制
- 法律、政策的约束
- 硬件、软件、开发和测试环境的条件和限制因素
- 可获取的资源
- 系统调试并投入使用的最迟时间

2.2.2　信息系统项目可行性研究的内容

1．经济可行性分析

开发一个新项目，首先要在经济上具有可行性。企业的最终目的是获得利益最大化，因此，对项目进行可行性研究首先要衡量该项目是否能带来经济效益。对于信息系统项目而言，最大的效益就是带来信息处理效率的提高和运营成本的降低，而其成本就是系统开发成本、系统转换成本和运行成本。经济可行性研究就是要综合计算成本和收益，只有长远的收益高于成本的项目才会得到投资方的支持。

系统的开发和运行是需要资金支持的。如果信息系统的规模比较大，就需要考虑客户的资金支持能力。比如，中石油的 ERP 系统的开发成本是数亿元，这对一个规模较小

的公司来说在财务上就是不可行的。财务可行性分析也包括分析客户的资金筹措，要考虑客户是否能根据项目进度及时提供项目进展所需要的资金和资源。在可行性研究阶段，资金筹措工作是对项目开发所需投入的固定资产和软件开发所需投入资金的估算进行方案设计和选择。在财务可行性研究中，需要对以下内容进行说明：

（1）项目总投资估算；

（2）固定资产总额；

（3）流动资产总额；

（4）资金来源；

（5）资金筹措方案；

（6）投资使用计划。

2. 技术可行性

信息系统的开发依赖于信息技术，并不是组织需要的所有功能都能通过信息系统来实现，因此在对项目方案进行可行性研究时，要考虑技术上的可能性。也就是说，对于项目方案所提供的功能是否能用计算机来实现。技术可行性研究并不是说一些功能不可能实现，而是同一个方案的功能和开发方法在技术上会有所冲突。比如，在开发方案中使用 java、VB、C++等开发方法进行联合开发，使得信息系统项目中各子系统间产生不兼容现象，系统存在较高的不稳定性。

另外，在考虑了软件开发之后也要考虑硬件配置。开发后的软件需要什么样的硬件来运行，在技术上是否能获得这样的硬件配置。同时，新系统的性能和技术一定要优于现有系统，而不能有所倒退。此外，新系统要有一定的前瞻性，能在经济有效期内保持一定的先进性，也就是说，在系统预计使用年限内，不能出现因为系统过于落后而被淘汰换新系统的情况。这就要求系统分析人员在设计和选择项目的时候有较强的预见能力，能够预测到将来科技的发展趋势。

在完成技术可行性研究时，还需要对信息系统的局限性进行研究。主要研究信息系统在功能、运行模式、性能、处理速度等方面可能存在的缺陷，并把这些缺陷与系统需求说明进行对比，确定这些指标的重要程度。对于一些局限性，在完成系统主要功能的情况下是可以满足客户需求的；但对于一些较重大的缺陷，却可能导致项目的夭折。因此，有必要评价信息系统缺陷的重要程度，并制定相应解决方案。

3. 管理可行性

信息系统的建立和运行需要由人来完成，一个完善的系统如果没有合适的人力资源体系来负责、管理和保障，也不会有任何作用。因此，所建立的信息系统必须要有相应的组织体系给予支持。同时，实施信息系统项目是一个不断创新的过程，在这个过程中知识工作者作为关键的资源成为影响项目成功的主要因素之一。由于项目的独特性，使得提高知识工作者的生产率成为信息项目实施的关键。随着劳动力等关键资源使用成本的增加，市场竞争的加剧，管理问题成为越来越多的信息系统项目失败的主要原因。所以，保证信息系统项目的顺利实施离不开项目管理的支持。作为信息系统项目的实施组织必须结合自身情况，针对每一个信息项目的实际情况完善管理可行性分析。

4．社会可行性

主要分析项目对社会的影响，包括政治体制、方针政策、经济结构、法律道德、宗教民族、妇女儿童及社会稳定性等。

5．其他因素

其他因素，如国家有关的法律法规、项目的社会影响力等也是影响项目进展的重要因素。

2.2.3　可行性研究的步骤

进行可行性研究是希望能够得到一些发现和一些经得起考验的结论，并在其基础上进行决策，完成项目。保证可行性研究的结果，离不开系统、可靠的过程保证。因此，明确可行性研究的过程，构建系统科学的研究步骤，是成功完成可行性研究的关键。下面给出一个能够成功实现可行性研究的 5 步工作法。

1．清晰定义研究目的和目标

写下正在做的信息系统可行性研究的目标。这是成功的重要因素，它能保证在以后的工作中保持正确的方向。在所作的工作中时刻把研究目标与当前工作进行比较，通过目标的指引不断地明确后续的研究方向，否则所做的可行性研究工作将像在雾中的轮渡，随时都有触礁的危险。

2．明确研究中所需使用的资源

列出一个可能会用到的资源清单。在这个过程中尽量要求把项目中能够用到的资源全部列清楚，但并不需要列出资源的获取信息，然后按照某种优先级进行排序就可以了。通常这些资源的类型包括：

（1）以前的经验；

（2）其他项目的经验；

（3）专业杂志；

（4）网站；

（5）IT 书籍；

（6）厂商产品说明。

3．选择适合的研究伙伴

完成可行性研究工作量较大，需要其他成员的帮助。可以先将研究工作分成几个部分，然后将其分配给团队成员去完成，这样工作将变得更加高效。

4．组织和归档

开始阅读和记录有关项目的信息。用书签等方式记录下所发现的有用的网页、书籍、杂志等内容。这样做的好处可以在需要它的时候能够轻松的找到这些资料。记录的内容还应包括你使用过的相关资料所在书刊杂志的名称和其所在页码，这样可以避免不必要的重复和返工。

5. 评估并做进一步研究

将团队收集的相关信息进行整理汇编。当把所有团队完成的研究汇集到一起时，检查这些数据是否已经能够实现可行性研究的目标。如果可以，将转入可行性研究报告的编写工作；否则，将依照上述 5 步方法继续进行研究工作。

上述方法虽然简单，但却十分有效。关键的因素是时间，不要陷入永不停止的研究工作中，而忘记了可行性报告才是真正的交付物。当然高质量的可行性研究报告离不开细致的研究工作，这也是不得不花费精力和时间才能完成的。记住在第 4 步要设置一个截止期限。

通过上述 5 个步骤，将研究结果最终以可行性研究报告的方式给予提交。

2.2.4 信息系统可行性研究报告

项目可行性研究报告是可行性研究的结果和正式文件，也称为项目评价报告，是对项目方案是否可行做出的评定文件。对一个项目进行可行性研究，必须在国家有关规划、政策、法规的指导下完成，还要有相应的各种技术资料。可行性研究既是为上级提供的报告，有时为客户和管理人员服务，同时也是给项目管理团队作为执行项目的依据。因此，项目可行性研究报告必须站在公平、公正的立场，内容要达到国家要求的深度，同时尽量通俗易懂，并足够详细。另外，要避免单纯为了获得批准而将可行性研究报告做成"可批性研究报告"。

1. 可行性研究报告的依据

（1）国家经济和社会发展的长期计划，部门与地区规划，经济建设方针、任务、产业政策、投资政策和技术经济政策，以及国家和地方法规。

（2）批准的项目建议书和相关的意向性协议等。

（3）国家、地区和行业的工程技术、经济方面的法令、法规、标准资料。

（4）国家颁布的建设项目经济评价方法与参数，如社会折现率、行业基准收益率、影子价格换算系数、影子汇率等。

（5）市场调查报告。

2. 可行性研究报告的编制要求

由于项目可行性研究工作及可行性研究报告对于整个项目开发的重要性，为了保证它的科学性、客观性和真实公正性，防止遗漏和错误，对编制可行性研究报告有以下的要求：

（1）必须站在客观公正的基础上进行调查和研究，做好基础资料的收集和整理分析工作。对于收集到的资料，要从客观实际情况进行论证评价，如实反映客观规律，经济规律。可行与否，应该从科学分析的数据结果来判断和回答，而不能先认定研究结果再去臆造数据。

（2）可行性研究报告的深度和详细程度要符合国家的相关规定标准，基本内容要求完整，在成本合理的前提下，应使用尽量多的资料。在具体做法上要掌握以下几点：

- 坚持先论证，后决策的原则
- 把握好项目建议书、可行性研究、项目评估这几个阶段的关系，在任何一个阶段发现不可行，都要停止项目研究
- 调查研究要贯穿始终，掌握切实可靠的资料、保证资料选取的全面性、客观性、连续性
- 坚持多方案比较选优

3. 信息系统项目可行性报告框架

信息系统项目可行性报告的框架结构是完成整个信息系统项目可行性报告的基础，通过可行性报告的模板可以清晰地了解和掌握可行性报告的框架。本书在附录 A 中给出信息系统项目可行性报告的模板，以帮助读者了解信息系统项目可行性报告的框架结构和内容。

2.3　信息系统项目启动

在项目的可行性研究之后，客户的需求由一个概念变成了一个具体的、可以执行的项目方案，此时就到了项目正式启动的阶段。

2.3.1　信息系统项目启动的环境分析

尽管项目是一次性的，目的在于产生独特的产品和服务，但组织并不能孤立地运行项目。必须对项目的运行环境进行足够的了解，就需要在一个更大的组织视野下考虑。项目经理对项目有一个全盘考虑，并且要清楚项目管理的价值。项目管理的目标不是为了技术，而是朝着既定的目标（更好的服务或者产品）渐进的过程。当决定实施新项目时，需要清晰全面地理解项目目标。模糊不清的理解势必造成时间、费用和精力的浪费。在项目启动时，要清楚地知道项目的结果是什么，只有明确地知道项目的结果时，这个项目才算真正启动。

项目启动时，需要考虑以下项目背景信息。

1. 项目是否具有明确的目标

一名出色的项目经理，应该在尽可能短的时间内确定所负责项目的项目目标。同时保证项目目标的明确性、可测量性、可实现性、相关性以及时间约束性。作为项目的客户、发起人、团队成员等利益相关方都应对项目目标有一致的认可。在这个过程中，不仅要识别出项目的具体的目标，还要清楚的识别出项目潜在的要求。

2. 项目是否有合理的开始和结束日期

信息系统项目随着规模的不断扩大，所需要的各种资源也将不断的增加。如果项目

没有规定一个合理的开始和结束时间，这意味着项目将无限期的推迟或者永无休止的进行，项目需要的资源将成为未知数。项目必须设立合理的开始和结束时间，明确所要做的工作内容，规定时间内交付项目，使得客户满意。

3．项目是否得到组织高层的支持

信息系统项目的成功离不开组织高层的支持。组织的高层，尤其是项目的发起人，拥有足够的资源，在项目的实施过程中将依靠这些资源实现项目目标。另一方面，确保组织高层的支持来完成项目实施工作，可以更加透彻地了解管理层对项目的要求，对项目的后续实施具有重要的指导价值。

4．项目是否有资金支持

任何项目离不开资金的支持，信息项目也不例外。以技术为核心的信息项目对优质的硬件、软件以及优秀的人员进行投资，都必须得到资金的支持。如果项目预算不清晰，需要边干边计划，那么项目将更加容易掉进入不敷出的窘境。

5．项目是否有相关的行业标准或者规范

行业标准或者国际规范，都涉及项目技术规范和用户要求。在项目启动阶段考虑上述标准和规范，是对信息系统项目行业内成熟经验的借鉴。对于强制性规范，在项目的实施过程中必须完全执行；对于建议性规范，对项目也有重要的指导作用。

6．项目是否有人做过

相同或者相类似的项目在本组织内是否已有人做过。如果有，就必须了解上述项目的实施情况，可以借鉴项目经验；并考虑项目是否有重复开发的必要。如果没有，需要考虑采取什么措施保证项目有效地完成。

作为信息系统项目，除了对上述一般项目管理背景信息进行了解之外，还需要了解以下与技术相关的信息：

（1）新技术将会怎样影响使用者。随着信息技术的飞快发展，新技术的应用已经渗透到组织的各个层级。如果新技术的应用将造成对原有工作、生活模式的冲击，应提前让使用者知道，否则新技术的应用将会受到前所未有的抵制，毕竟信息系统项目是为了让工作更加简单轻松。

（2）所使用的技术对其他软件是否有影响。信息系统项目往往既涉及软件，也涉及硬件，项目采用的技术可能影响到其他共用的硬件或者软件，这种影响带来的风险需要预先考虑。

（3）所使用的技术与操作系统的兼容性。不同的组织内会采用不同的操作系统。即便是同一个组织内，也可能存在两种或者更多的操作系统，如 Windows XP、MAC、Linux、UNIX 等，即便是 Windows 本身，也存在多个版本，因此要了解操作系统对项目应用的要求。

（4）项目采用的技术，其他组织是否已经采用。全新的技术可以增强信息系统的竞争性，同时也将存在危险因素。例如，与其他组织进行数据共享时，可能带来兼容问题。采用相对成熟的技术，由于之前有较为广泛的应用，项目在实施过程中遇到的技术风险

将很小。

（5）项目采用的技术，是否有足够的售后支持。技术供应商是否具有一定的影响，存在较长的时间并且已经取得一些成功的案例，如果遇到问题，技术供应商能否给予及时的解决，以及能否得到持久的售后支持都是项目需要掌握的信息。

（6）网络建设情况。现在的信息系统项目离不开网络的支持，项目的应用对于网络的影响（网络能否支持新的信息系统的运行），都是任何组织在实施信息系统项目前不得不考虑到的问题。

当然，除了上述重要的信息外，还有诸多信息需要了解。值得注意的是你需要预见可能发生的最坏情况，并且找到应对的方法，而不是等到危机爆发后慌乱的应付。

2.3.2　信息系统项目启动阶段利益相关方分析

项目成功的目标之一是让利益相关方满意，信息系统项目也不例外。对于信息系统项目来说，不同的利益相关方，在项目管理的不同阶段，其扮演的角色和责任也将不同。明确上述内容，将有利于协调工作，调动相关人员。通常信息系统项目在启动阶段的利益相关方有以下几个。

1．组织高级管理层

组织高级管理层负责识别项目需求，评价项目风险及批准要实施的工作。为了保证项目符合组织机构商业需求，需要建立信息技术战略计划，同时建立程序以保证政策得以贯彻实施。

组织高级管理层在项目启动阶段的角色与责任：

（1）选择项目经理以及在人员配备方面提供协助；

（2）审查并批准项目风险分析；

（3）确保资金供应；

2．项目经理

项目经理对整个项目的成功完成负全责。为了更好地履行职责，项目经理应该与组织高级管理层密切合作，以确保使用的资源充分到位；同时项目经理应当负责项目计划的编制，以保证项目在进度、预算以及质量范围内顺利完成项目。在项目启动阶段任命项目经理，这样就可以保证有人对项目实施负责。

项目经理在项目启动阶段的角色与责任：

（1）草拟项目概念文件及项目章程；

（2）定义项目成功标准；

（3）编制项目约束条件文件；

（4）编制项目假设文件；

（5）进行成本—收益分析。

3．项目发起人

项目发起人是项目结果/产品的最终接受人。好的项目发起人是获得优秀项目经理的前提条件。项目发起人通常是某项目群带头人，而不是那些每天进行全职工作的职员，他为项目的存在提供商业上的依据。一般来说，整个项目融资都是由项目发起人来控制的。

项目发起人在项目启动阶段的角色与责任：

（1）就项目当前或未来的价值及相关性等方面提供战略计划及指导；

（2）定义自己的要求；

（3）为项目获取资金支持；

（4）任命项目发起人的联络人。

4．项目小组

项目小组负责实施项目的各项活动，必要时项目小组成员协助项目经理进行计划编制的工作，同时在项目预算及进度等约束条件下完成项目。项目小组可以聘请主题专家来实施项目方案，同时要与顾客以及其他项目利益相关方建立互动关系，以确保需求得到正确的理解与实施。

项目小组在项目启动阶段的角色与责任：

（1）为产品开发提供评估意见；

（2）保证需求是切合实际的，并与目前可得资源的状况相匹配；

（3）从完整性、相关性及清晰性等角度分析需求。

5．顾客

顾客要对他们的需求表达是否清晰负责，并证实已结束的项目是否符合他们的要求。在使用信息系统项目的成果时，顾客须接受必要的培训。

顾客在项目启动阶段的角色与责任：清晰定义他们的需求，以及对项目小组和项目经理的要求。

6．质量保证小组

质量保证小组的职能是定期评价整个项目的实施情况，以确保项目能够满足相关质量标准。质量保证是项目小组职能不可分割的一部分，项目小组成员应当把质量保证当作是每一项工作任务的关键来对待。

质量保证小组在项目启动阶段的角色与责任：保证质量需求得以识别。

7．配置管理人员

配置管理职能人员通常在大型或中型规模项目中使用，负责计划、协调并实施项目配置管理的各项活动。具体的来说，项目配置管理是通过严格的程序来控制和记录所要设计或生产的产品的功能及物理特性。

配置管理层在项目启动阶段的角色与责任：在各种需求以及组织标准的基础上提供配置管理方法。

对于潜在利益相关方，同样也需要进行分析。潜在利益相关方有合作伙伴，也有竞争对手，他们往往在项目环境发生变化时影响项目的开发。因此，项目经理必须掌握项目开发的进度，对项目的变化及时做出调整，从而保证项目顺利进行。

2.3.3　信息系统项目启动阶段输入内容

1．项目需求说明书

信息系统项目需求说明书，是信息系统用户对将要开发的项目的立项必要性、系统开发的要求等内容进行记录的文档。项目的最终目的是为了满足客户对系统的需求，因此，一份清晰、明确的项目需求说明书是进行任何后续工作的根本保证。

2．项目成果说明书

信息系统成果说明书，是对系统开发所要完成的产品特征、结构和功能进行说明的文档。项目成果说明书的主要内容包括：系统项目产品特点、系统平台、系统功能、操作模式、信息处理能力等。成果说明书对项目起指导作用，但成果说明书不是一成不变的，随着项目的执行，项目环境变化和执行情况逐渐地明晰，成果说明书可能会发生变化，这种变化一般要经过项目相关方的慎重磋商后才能被确认。

3．项目可行性研究报告

可行性研究是项目启动前的工作的重点，可行性研究的正确与否直接决定了项目后期的命运。信息系统可行性研究报告是确定项目可行与否的重要判定依据，在可行性研究报告中具体描述了项目的技术方案、系统模型、资金的预算及筹措渠道、项目计划进度等内容。在后期项目实际执行过程中，需要以项目可行性研究报告为依据。因此，在项目启动之前，必须要完成信息系统可行性研究报告，确保项目进行的必要性和可行性。

4．项目范围说明书

项目范围说明书，界定了项目团队在项目执行过程中需要完成的工作和需要交付的成果，是判断哪些工作需要做，哪些工作不需要做，需要交付的系统包括什么内容的文档。在项目最终验收的时候，项目范围说明书是项目目标是否被完整完成的标准。

5．项目合同书

项目合同书，是项目各利益相关方之间签订的明确责任和义务的合同或协议性质的文件，具有法律效力。在市场经济条件下，合同在经济体相互合作中起到十分重要的作用，它赋予各方权利，同时也对相关组织的行为作出约束。在信息系统开发过程中，项目合同书是判定项目相关方权责利的最终依据，约束双方都要按照合同书的要求规范自己的行为，履行各自的责任，最终获得相应的利益，如果产生纠纷，则依照合同规定解决。

2.3.4　信息系统项目启动的步骤

1．发起项目

发起项目，就是由项目发起人向项目各利益相关方传递信息，使其充分认识到信息系统开发的必要性，并承担起各自相应的责任。有许多组织或企业可以成为项目发起人，如信息系统的使用者、信息系统使用者的主管部门、信息系统开发商、或是认识到项目开发机会的其他组织。在一般情况下，项目发起人都是项目的受益者，能够通过项目获得相应的收益。

2．批准项目

项目批准，是由项目发起人和实施组织向上级或者相应的主管部门申请批准项目，最高决策者审批项目并将完成项目所需的权利、资源和所需承担的责任委托给项目组织的过程。对于一些大型项目和政府或大型事业单位的信息系统开发，可能会需要相关主管部门的审批；而一般的或小型的信息系统在不违背法律的前提下则不需要经过审批。

3．选聘项目经理

项目经理，是项目工作的实际管理人，负责项目执行过程中的计划、组织、领导和决策，对项目的成败起到决定性作用。项目经理应该领导项目团队完成项目目标，确保全部工作在预算范围内按时优质完成。项目管理涉及管理的方方面面，因此对项目经理的技能和经验有很高的要求。一般情况下，项目开发商在选择经理人的时候都要求在信息系统开发方面具有丰富经验。信息系统项目经理需要具备以下能力：

（1）领导能力；
（2）人员开发能力；
（3）沟通技巧；
（4）人际交往能力；
（5）处理压力和解决问题的能力；
（6）时间管理能力；
（7）信息系统开发和专业技能。

4．组建项目团队

信息系统开发的实际工作是由项目团队成员具体执行和完成的。项目团队成员素质的高低直接决定了项目开发质量。因此，在组建项目团队时，要慎重选择团队成员。依据不同的组织架构组建项目团队，并对这些成员进行合理的任务分配和使用，目的是将原本可能并没有密切关系的人员组成一个能够通力合作、为达到共同目标而努力的团队。项目团队成长发展要经历以下五个阶段：

（1）形成阶段；
（2）风暴阶段；
（3）规范阶段；
（4）成果阶段；
（5）结束阶段。

5．召开项目启动会议

项目启动会议是一个项目正式开始的标志，对项目的顺利进行具有重要意义。项目启动会议一般是由项目经理组织和召开的。一般情况下，项目启动会议可分为内部启动会议和外部启动会议。

（1）项目内部启动会议。项目内部启动会议，是指在项目承包方内召开的项目启动会议，具体一点是项目团队内部召开的项目启动会议。会议的目的是让项目团队成员对该信息系统项目的整体情况（包括系统的开发背景、项目总体规划及项目团队成员等信息）和各自的工作职责有一个清晰的认识和了解，为日后协同开展工作做准备；同时获得领导对项目资源的承诺和保障。为了获取相应的资源和保障，参会人员除了项目团队外，还应该包括相关领导。项目内部启动会议所需要介绍的主要内容包括：信息系统的开发背景、项目主要相关方信息、项目的基本需求、项目的总体规划（包括项目建设思路、项目总体计划等）、项目团队成员及其分工、项目存在的风险及应对策略和项目资源需求等。

（2）项目外部启动会议。项目外部启动会议的目的，是让项目承包方、用户方、监理方（如有）等项目主要利益相关方对该项目的整体情况（包括项目的建设背景、项目总体规划及项目团队成员等信息）有一个清晰的认识和了解，让项目各主要利益相关方清晰地明确各自的职责和义务，让项目承包方、用户方在信息系统开发的过程中所需要给予的支持和配合加以承诺，从而让各方就信息系统开发的相关事宜达成共识。项目外部启动会议所需要介绍的主要内容包括：信息系统开发背景、项目主要相关方领导和项目负责人、项目的基本需求、项目的总体规划（包括项目建设思路、项目总体计划等）、项目各主要利益相关方的责任和义务、项目存在的风险及其应对策略和在信息系统开发过程中项目承包方、用户方所需要给予的支持和配合等。

2.3.5　信息系统项目启动阶段输出内容

1．项目章程

项目章程是正式确认项目存在的文档，它可能是一个专门的文件，也可能是客户的系统需求说明书、成果说明书或是其他文档。项目章程赋予了项目经理合理利用企业资源从事系统开发的权利，以及正确完整地完成系统开发项目的责任。

由于项目章程的编制是为了向相关各方沟通项目而存在的，因此，往往在项目启动最后阶段签发；也可以把它当作是项目计划编制阶段的开始，常常被用作是编制项目计划的前提基础。项目章程模板包含以下内容：

- 一般信息
- 项目目标
- 项目目的
- 项目工作范围
- 项目权力
- 角色与责任
- 管理层监测点
- 签字

（1）项目目的。"为什么要做这个信息系统项目？"是目的说明书要回答的问题。但作为项目章程的一部分内容，它并不是简单对目的说明书的概述，而是宣布为什么，是试图启动项目所要考虑的第一要素，是对项目目的本质说明，特别是对于那些需要投入大量资金与时间的信息系统项目。掌握这个问题的答案会使项目小组在整个项目期间有更全面的信息来支持决策。

（2）项目目标。项目目标，主要是建立项目执行目标（计划完成的程度），也就是衡量比较目标与实际结果的情况。应当将这些衡量进行量化，以便准确地和清晰地了解项目是否达到组织目标。项目目标应与组织的目标、使命和目的等相一致，这样项目利益相关方就可以对没有达到目标的方面进行纠正。将项目章程中的项目目标与各方沟通，以保证所有的项目利益相关方理解商业需求，而这种需求也正是通过项目要解决的。

（3）项目工作范围。项目章程中的项目工作范围，是在较高层级上建立的文档化内容，从整体上对项目范围进行描述，尽量涵盖整个项目的所有工作内容，但并不需要对其进行细化，在项目计划编制时做进一步分解。例如：在项目章程包含了培训需求，在项目计划中就可以进一步分解为培训的类型和培训材料的采购与开发等内容。通过实现项目章程中的项目目标来达到组织的战略目标。

（4）项目权力。由于项目的复杂性，需要做出许多比较困难的决策来保持项目不偏离轨道。基于这种原因，项目章程定义了解决潜在问题的权力和机制。有三个领域的问题必须要解决：第一，组织的高级管理层要签发项目章程，需要某管理层为项目提供组织资源并且对影响它的因素拥有控制力；第二，项目章程必须指定一位项目经理，同时赋予他计划、实施以及控制项目的权力；第三，项目章程必须在项目与高层管理之间建立联系以保证存在一种支持机制来解决项目经理权力范围之外的问题。

这样，项目章程就成为高级管理层与项目经理之间的合同，双方对于项目都负有责任和义务。在项目章程中有一页内容专门用于签字，所有相关各方都应在上面签字。

（5）项目角色与责任。项目启动、计划、实施以及收尾阶段的角色和责任都必须在项目小组成员之间进行分配。从这个角度来看，清晰识别需要做的工作、识别活动依赖关系、准确地估计工期、清晰定义质量标准、简明扼要地描述可交付成果以及建立衡量项目工作执行情况的标准等内容是非常重要的。

（6）管理层监测点。为了保证项目取得令人满意的进展，应当清晰定义管理监测点（或者重大里程碑），确定衡量进展的计划日期。监测点属于高层重大里程碑。高级管理层运用重大里程碑（监测点）来批准一个阶段或里程碑的结束，并做出是否继续进行项目下一阶段的决策。这些监测点确保在项目章程中规定的时间范围内交付的产品或服务达到项目目标的要求。

（7）对项目章程的管理。作为一项声明，项目章程的目的就是宣布项目的正式存在，但并不意味着要去管理发生的变更。项目章程是一个随时间而发生变化的文件，因此，如果发生的变更非常大而使原来的项目章程不再可行，就需要签发新的项目章程。

建立了项目章程以后，项目小组就开始着手开发与维护可行方案来实现商业需求，这也是通过项目所要解决的。至于项目技术、工具以及技能等内容将在项目计划编制阶段进行定义并审查。

2. 项目说明书

项目说明书，是说明项目整体情况的书面文件，主要包括项目实施动机、项目目的、项目整体情况的说明、项目经理的责任和权利。

3. 项目经理及完整的项目团队

项目启动后，就应该形成以项目经理为领导的项目团队。对项目团队的要求主要是衡量其是否能够明确项目目标和项目整体规划，是否能够掌握在系统开发中所需要的技术能力。同时，更重要的是在短时间能够成为一个团队，有意愿为共同的目标而相互合作并承担责任。

4. 项目制约因素的确定

制约因素，指限制项目团队活动的因素，如项目预算将会限制项目团队设备和人员的配置，减缓项目进度。

5. 项目假设条件的明确

在项目前期制定项目方案和项目计划时，通常都会假设某些因素的存在，这些因素也就是假设条件。但在实际执行过程中，由于环境的变化和未来的不可预知性，这些假设条件可能与实际状况并不相符，因此，假设条件也存在一定的风险。明确这些假设条件，在未来环境的变化中做到更好的防范风险。

 **思考题**

1. 什么是项目的立项？
2. 项目需求建议书包括哪些内容？
3. 信息系统项目可行性研究项目包括哪些内容？
4. 如何做出信息系统项目的决策？
5. 什么是信息系统项目的启动？
6. 信息系统项目启动应包括的内容。

第3章 信息系统项目风险管理

通过本章学习，读者可以：

- 掌握项目风险管理的定义与分类。
- 了解信息系统项目风险管理的重要性。
- 了解简述风险分析与评价的内容。
- 掌握并应用风险分析与评价工具。
- 了解信息系统项目风险应对与监控策略。

　　九江移动业务运营支撑网络管理工程（以下简称工程）是全国性的重点工程，受到九江移动公司领导层的高度重视，并成立了以省公司副总经理挂帅的项目领导小组，委派业务部经理为项目总监，工程部经理张一为项目经理，李峰、王云等来自不同职能部门的主管组成项目团队。

　　在整个项目生命周期内，尽管工程受到高度重视，团队成员热情也很高涨，还是在所难免地碰到了一些问题，特别是项目经理张一对项目风险的评估不足，在制订项目计划时忽略了某些假设条件，导致工程出现赶工或返工的现象。当然也有积极的一面，通过分析潜在问题，项目团队识别了不少风险，进行了有效的预防，起到了较好的效果。

　　信息管理项目目前正在被政府、企业等组织所接受，并呈现快速发展之势，它是最具挑战性、令人振奋的领域。很多信息管理项目是成功的，它将会影响到整个组织的自信和发展，给公司带来可观利润。但我们也应该看到信息系统开发存在许多问题，例如，信息系统项目往往会遇到各方面的阻碍，所开发的软件会造成对其他软件的影响，甚至造成整个信息系统的瘫痪；或是公司中具有多个操作系统，影响到系统的兼容性；有的信息系统开发周期比较长，影响了信息的使用效果，甚至造成开发的信息系统报废等。这些都是信息系统开发过程中的风险，并将直接影响到信息系统开发项目的成功率。所以，识别项目的风险因素，对项目的风险进行分析和评价，提出风险的应对措施并对项目的风险进行有效的监控，对保证信息系统项目的成功具有重要的现实意义。

3.1　信息系统项目风险

3.1.1　风险的定义及其特征

　　风险是与不确定性相联系的。关于风险的一个最简单的定义就是"风险是起作用的不确定性"。之所以起作用，是因为它影响到了一定目标的达成。风险不是凭空存在的，必定与一定的事件相联系。在风险的定义中应该明确如果风险发生，将会发生什么事件，目标将会受到多大影响。由此，我们可以得到风险的一个完整的定义，即"风险是能够影响一个或多个目标实现的不确定性"。与所研究的事件没有关系的不确定性不成之为风险。另外，我们一般会把不确定性分为两类，"消极的与积极的"。对于积极的不确定性我们一般称之为机会，只有那些对目标产生不利的和消极的不确定性我们才称之为风险。因此，我们可以得到这样一个定义："风险是能够对一个或多个目标实现产生消极影响的不确定性。"

　　根据风险的定义，结合项目的特征，在项目风险管理中我们可以这样定义项目风险：项目风险是指为实现项目目标的活动或事件的不确定性而可能发生的危险。

　　在项目管理中，风险具有共同的特征，把握项目风险的这些特征，有助于项目经理及其他项目管理者正确识别和防范风险。

1. 项目风险的客观存在性和普遍性

　　在项目中，风险是客观存在的。风险的存在是不以人的意志为转移的，任何项目都存在风险。这是由于项目是基于一定假设条件的，项目的预测和计划以及环境的变化都会产生风险。

2. 项目风险发生的概率性

项目风险不是一定都会发生，而是具有一定的概率。一定发生或一定不会发生的事都不是风险。比如，对于一个信息系统项目而言，项目进度由于突然断电造成数据损坏而延期是风险，因为突然停电是可能发生，也可能不发生，我们只能根据以往的电力供应历史记录给出这种风险发生的一个概率；相反，信息系统项目开发需要编程人员就不再是风险，而是必然的。

3. 项目风险的多样性与层次性

大型项目开发周期长、规模大、范围广，涉及方方面面的因素，风险因素数量多且种类繁杂，导致了项目在生命周期中面对的风险多种多样。同时，各种风险之间的内在关系错综复杂，各种因素之间的交叉关系也使风险呈现多样性与层次性。

4. 项目风险的可变性

在项目生命周期内，随着项目的进行和外界环境的变化，项目的风险不是一成不变的，有些风险可能消失，有些风险可能会发生并被解决，还有些原来并不存在的风险可能会日益凸显并被识别出来。项目风险的变化可以体现在风险的性质、风险的影响程度变化等方面。

5. 项目风险的可预测性与可预防性

我们对风险进行研究的目的就是对风险进行预测和管理，项目风险的可预测性与可预防性使得项目风险管理工作具有意义。项目风险的存在和实现是与环境有一定关系的，要研究环境，识别风险诱因，我们可以根据历史资料和相关经验对风险进行预测。根据对风险的预测，采取措施、改变环境或适应环境，大部分风险是可以主动预防、避免和缓解的。

3.1.2　项目风险要素

对于任何一个项目风险，我们都可以将其分解为以下 3 个要素。

1. 项目风险出现的概率

风险本身就是一种不确定性，随时可能发生。我们不能预见到一种风险是否会发生，只能预测发生的可能性是大还是小。对于有详尽历史资料的风险，我们还可以应用统计方法计算其发生的概率。

2. 项目风险的影响及其程度

风险的影响程度是研究一项风险如果发生将会出现的影响，及影响的程度是逐渐造成损失还是突然性爆发的。如服务器崩溃造成的数据丢失，服务中断造成的工期延误和丢失的数据的价值等。

3．项目风险暴露

项目风险暴露是指风险对产品、系统或项目的影响。一个风险可以有不同的暴露程度，在特定情况下根据发生的概率产生变化。这样，风险暴露就可以简化为风险影响程度乘以风险出现的概率，即风险暴露是一个期望值。

例如，对于一个风险，我们可以这样进行描述：

风险出现的概率：50%（对于不同的风险概率可能从 0～100%）

风险的影响程度：5（对风险的影响程度赋值，1 表示影响程度最小，10 表示影响程度最大）

风险暴露：50%×5=2.5

3.1.3　信息系统项目风险分类

1．政治风险

政治风险，是指由于政局变化、政权更迭、罢工、战争等引起的社会动荡而造成的财产损失和对项目进度以及项目产品质量的影响。同时，国家政策的变化、法律法规的修改也会对项目造成影响，形成潜在的风险。相比较而言，在一个政局稳定的国家，第二种风险的概率更大一些，当政局不稳定时第一种风险的影响程度更高。

2．市场风险

信息系统项目的最终产品在开发完成后能否适应变化的市场需求，构成了项目的市场风险，包括信息系统的适用性和价格。

3．金融风险

金融风险主要源于利率风险、汇率风险和信贷风险等因素对项目造成的不利影响。如外汇收入减少、信贷紧缩等。对于涉及到进出口的信息系统，汇率的变化会影响到项目的收支状况。

4．技术风险

技术风险，主要是指由于应用不成熟的开发技术、开发方法、需要创建新的算法、采用未经证实的软件产品接口，或者是采用了不合适的数据库架构，以及技术上不成熟的硬件设施造成的项目进度、项目成本等方面的损失。对于信息系统开发项目来说，技术方案的论证是项目非常重要的一项工作。所以需要组织专家对项目的技术进行充分的研究和论证，以确保项目满足业主和用户的功能需要。

同时技术风险还涉及到需求的功能和性能在现有技术下是否可行。一个不可能实现的需求只能被忽略。

5．管理风险

管理风险主要来自于项目管理人员的经营管理能力。在信息系统项目中，这种风险往往影响比较大，出现的可能性比较高。项目经理的经验、管理能力、沟通能力和对项目的控制能力等会严重影响这种风险出现的概率。另外，这种风险还可能来自于管理团队整体，比如管理团队的凝聚力、管理团队意见的一致性等。

6. 人员风险

人本身也是一种风险。由于具有较强的主观能动性，人对外界环境及内部因素影响的反应会对其在项目中的工作有较大影响。不论在什么情况下，都不能将人的因素忽略。

在信息系统开发项目中，我们可以从以下 3 方面考虑人员风险。

（1）技术人员开发能力。在进行项目进度计划时，一般会对开发人员的开发进度和编程能力做出假设，但这种假设是否符合事实是值得商榷的。对于一些能力不足的技术人员，将成为风险的诱因。

（2）人员工作积极性。项目开发过程中，开发人员由于激励等各方面原因的影响，可能会导致工作积极性下降，其直接后果将会导致开发进度的拖延。

（3）关键人员的离职。关键人员是指对项目的开发和进度有着十分重要影响的人员。如掌握关键技术的开发人员，或者是关键管理人员项目经理等。关键人员离职可能造成项目进度拖延，甚至项目无法完成而被取消。

7. 需求识别与变更风险

信息系统项目开发的主要依据是信息系统需求。但是，对项目开发人员来说最为困难的，是客户往往不能在项目开始时就清晰正确地做出需求定义。在项目初期，项目团队和客户在定义项目需求时，会出现定义不准确，或者由于对需求的理解错误而导致需求定义错误，这种情况的出现将会导致后续工作完全无效。另外，随着环境的不断变化，项目需求也会不断的变化。客户可能会在项目需求变化之后对项目开发方提出要求，项目需求变化要求项目开发随之而变。需求变化的直接影响是项目任务数量和规模的膨胀，以及由此带来的成本增加和工期延长。

8. 项目计划风险

项目计划风险，是项目团队在前期做计划时，由于过于自信，使得项目计划过于激进和乐观，而对可能受到的约束以及可能遇到的不利条件考虑不周；在项目后期执行过程中，由于各种不利因素的影响，可能会出现项目不能按时完成或者不能按照预算成本完成，这种风险我们称之为项目计划风险。这是一种主观风险，可以通过加强项目的计划管理有效规避。

9. 违约风险

信息系统项目的开发和实施需要外部机构的支持。比如，将一部分编程任务外包、购买硬件支持设备、购买网络连接服务和租用服务器等。这些外部服务是在项目开发前期，通过项目开发方与外部供应商签订供应合同确定的。项目进度的一个假设就是供应商能够按时供货，但这只是一个假设。供应商如不能按时供货，甚至违约不能按时交付，将会对项目的进度造成严重影响，或者直接造成项目失败。

另外，与客户的合约也将是违约风险的一部分。如客户能否按时提供资源，能否按照合同规定配合项目进度等。

3.1.4　项目风险对信息系统项目的影响

在项目管理中，我们之所以将主要精力集中在项目风险管理上，主要是因为风险将会对项目目标的实现产生不利影响。结合项目目标，在信息系统开发过程中，项目风险将会可能产生以下几种影响：

1．项目超期

信息系统开发的目的是为了满足客户的需求，需求的一个维度就是时间因素，超过了一定时间，需求的变化可能就使得信息系统变得无用。但风险的出现可能会使项目团队开发进度变得缓慢甚至停滞不前，最终可能造成项目超期。风险对工期的影响可能表现在两方面：一是对一个或多个任务的工作进度的影响，对于非关键作业，这种影响在一定程度内是可以接受的，但是对于关键作业的延误最终结果只能造成项目超期；另一方面，一些比较重大的风险的发生，如政治风险社会动荡，甚至是项目需求的较大变更等，都可能造成整个项目停滞不前，或者项目被迫取消。

2．项目预算超支

对信息系统项目而言，一般都是有项目预算的。一方面是基于财务方面筹集资金的能力，项目组织必须有能力筹集到足够的资金支撑信息系统的开发；另一方面是基于项目所能带来的收益，项目的成本一定要小于收益，并且有一个合理的投资回报。由于风险的存在，使得我们在信息系统项目可行性研究中估计的项目成本不再可靠，可行性研究报告中的成本只是一个估计成本。

在实际软件开发过程中，风险造成成本超支的主要原因是项目需求变化或工作错误造成的项目的返工，或者是由于需求膨胀造成的项目范围扩大，加班加点带来的劳动成本上升，项目进度安排错误造成的怠工等。同时，管理风险导致的其他风险也会间接增加成本。

3．项目交付的系统质量不合格

信息系统项目开发任务完成后，在客户验收时，可能会发现信息系统开发团队交付的信息系统并不是他们想要的。导致这种后果的原因主要是项目需求定义不正确，或者是双方对需求的理解不一致。在这种情况下，双方只能再重新回到项目定义阶段，对系统需求重新做出新的、双方都认可的定义，对开发完成的系统进行修改。如果双方分歧很大，甚至可能将原来的系统推翻，从头再来，或者取消项目。项目交付系统的不合格将会间接引起前面两种后果的发生。

4．信息系统项目被取消

当面对一些重大的项目风险，或是由于项目严重超期导致市场机会的丧失，或者项目成本严重超支导致超过投资方的能力，再或是从经济分析上项目不再可行，以及由于客户和市场需求的重大变化使得信息系统开发变得不再必要，项目开发团队能做出的最好决策就是将整个项目取消。在这种情况下，项目前期投入的资金、技术、人员以及资源都成为沉没成本。一个英明果断的项目经理应该在出现更大的损失之前果断决策，停止项目投入，努力将损失降到最低点。

3.2　信息系统项目风险管理

3.2.1　项目风险管理的定义

项目风险管理，是指项目管理团队在项目开发的整个生命周期中，对项目风险进行管理规划、风险识别、风险分析评价、风险应对和控制的完整的系统过程，其目标在于减少风险发生的概率，降低风险的影响程度。

3.2.2　信息系统项目风险管理的作用与意义

与其他项目相比，信息系统项目具有其特殊性。首先，信息系统开发主要是进行软件编写，具有知识的无形性，其开发进度和质量难以估量，生产进度也难以预测和保证，不能说编写代码的数量就等同于项目的完成量，软件开发的智力因素将对软件项目产生重要影响；其次，信息系统的复杂性也导致了信息系统项目开发过程中存在各种难以预见和控制的风险。为了保证项目的进度和成本预算，进行项目的风险管理是十分必要的。在信息系统开发项目中，项目风险管理具有以下作用：

（1）风险管理可以尽早发现在项目开发中存在的潜在风险，预先制定相应措施，保障项目的顺利进行；

（2）风险管理可以有效的分清责任范围，确定风险责任人，防止互相推诿；

（3）风险管理的风险监控能够在风险发生后有效降低风险造成的损失，达到利益最大化；

（4）风险管理记录可以为未来的项目组织提供管理经验和历史数据，提高项目组织的管理能力；

（5）风险管理能提高项目管理团队成员的风险意识，提高项目团队的风险预知能力和风险抵抗能力。

3.2.3　信息系统项目风险管理的依据

项目风险管理是在项目管理的基础上，对项目开发过程中可能存在的项目风险进行识别、分析、预防和控制的过程。风险管理要以项目管理知识作为理论依据，贯穿于项目管理的整个流程之中。

一般来说，项目风险管理需要以下文件为基础。

1．项目基本假设

前面提到，项目的开发是基于一定的项目假设的，但我们并不能保证项目的假设就一定是正确的。因此，项目风险管理要以项目假设为基础，对其进行分析，找出可能存在的风险和漏洞。

在风险管理中，对项目的基本假设要十分注意。对项目来说，基本假设考虑的是比较重要的问题，基本假设的推翻意味着项目从一开始就是一个错误。

2．历史数据资料

历史数据是项目组织在以前进行类似项目时保留下来的经验和教训的总结，是历史劳动成果的结晶，具有重要的参考价值。历史数据中的风险列表和风险清单详细记录了项目组在进行类似项目时遇到的风险，以及风险的性质、风险出现的次数和风险的影响程度等信息，使项目团队在进行风险管理中能够有的放矢，提高项目的管理效率。

3．项目需求说明书

项目需求说明书对信息系统项目的需求做出明确定义，是进行项目可行性研究、项目计划以及其他后续工作的基础。项目需求说明书是指导项目风险管理的重要依据，同时也是项目风险管理的对象。

4．项目合同、项目章程及项目计划书

项目合同，是投资方与开发方共同确定的，开发方必须完成的契约，是实施方组织项目开发的基础和前提，是投资方进行项目验收的重要依据。项目章程更加正式、详细地叙述符合公司的项目视图和目标，确定项目的运作规则和管理关键。项目计划书对整个项目进行系统的规划和安排。风险管理计划是项目计划的重要组成部分，对项目风险管理工作做出了规划，是项目风险管理的基础。

5．项目可行性研究报告

项目可行性研究对整个项目进行了全面而系统的研究和探讨，其研究的内容是信息系统项目决策及开发的重要依据，也是项目风险管理的基础和前提。

项目章程范例：

项目：操作系统升级到 Vista

项目发起人：李小成

项目经理：王洁

项目团队：李伟　何伟先　　赵凯

项目目标：公司所有的计算机在 2008 年 12 月 10 日前升级到 Vista。

业务情况：

在过去 5 年中，我公司都是使用 Windows XP 操作系统。我们学会了用它，越来越喜爱它，接受它并和它一起成长。但现在该让它成为历史了。我们将接受一项来自微软的新技术——Vista。它更灵活、更安全，也更简单可以帮助我们提高效率。

项目结果：

为每一台计算机新安装 Vista。

对所有的客户进行操作系统使用培训。

所有的工作在 2008 年 12 月 10 日前完成。

项目资源：

175 000 元人民币（包括 Vista 客户访问许可证、咨询费、培训费）的预算

使用 4 个月的测试实验室。

Donaldson Education 的现场咨询指导。

（摘自：《实用 IT 项目管理》并作修改）

3.2.4　信息系统项目风险管理规划

认真、详尽的风险管理规划能够提高风险管理过程的效率和成功的概率。项目风险管理规划是项目管理团队决定如何进行项目风险管理活动的过程。项目风险管理规划对项目风险管理起着重要的作用。首先，风险管理规划使项目风险管理有了一定的章程，明确了风险管理的方法和步骤；其次，风险管理规划可以对风险管理组织的建立起到指导作用；最后，风险管理规划能够为组织预留出进行风险管理所需要的资源。

项目风险管理规划的主要工作是召开规划会议，制定风险管理计划。在会议期间，项目团队将界定风险管理活动的基本计划，确定风险管理的费用和所需的进度计划，并将其纳入项目预算和进度计划中。同时，对风险管理的责任进行分配，并根据具体项目对一般通用的组织风险类别和词汇定义等模板文件进行调整，这些活动的最终成果将被汇总为项目风险管理计划书。

3.2.5　信息系统项目风险管理周期

在信息系统项目风险管理中，我们将风险管理的步骤分为风险识别、风险分析和风险控制 3 个阶段。这 3 个阶段是一个循环的结构，形成一个完整的项目风险管理周期。对这个周期，我们可以用下面的一个环形结构来表示。

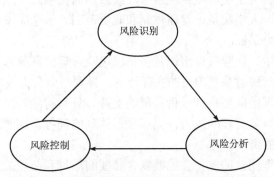

信息系统项目风险管理的 3 个阶段并不是互相独立的，在时间上也不能将其完全划分开来，是一个过程的 3 种功能。项目控制阶段的结束并不意味着风险管理的结束，因为项目风险是随时变化的。风险的识别、分析、控制呈现循环流动的状态直到项目结束。

1．项目风险识别

项目风险识别，是指确定在项目开发过程中有可能会出现的影响项目的风险，并形成风险列表。风险列表应该包括风险来源、分类、表现及其后果等定性描述。通过风险识别，可以使项目管理者预先意识到可能存在的风险并估算该风险可能造成的影响，进而便于避免这些风险，或在必要时对这些风险进行控制。

识别项目风险的主要方法有历史数据法、风险树法、鱼刺图法、头脑风暴法、德尔菲法等。

2．风险分析和评价

项目风险分析和评价，是对已经识别的项目风险进行评估和评价，并从项目风险发生的概率和风险对项目目标的影响程度两个方面来描述每个风险。风险评价有助于使项目团队确定哪些项目是可以被忽视的、哪些风险是可以被接受的、哪些风险需要应对以及哪些风险应该受到重视。

风险评估常用的方法主要有决策树法、蒙特卡洛模拟法以及层次分析法等。

3．风险应对和控制

在风险识别和分析之后，项目管理小组应该对识别出的风险提出应对措施和方案。风险应对和控制，是指执行风险应对计划以设法避免或转移风险，或在风险发生之后采取应对措施，将风险的影响和损失程度降到最低点。另外风险识别和控制还包括对风险的监控、识别新生风险、更新风险应对计划等。

风险应对和控制的策略主要有：风险的远离、包容、缓解、接受和转嫁。

3.2.6　项目风险管理的组织

在每一个信息系统项目中，有必要设立一个专门的组织管理项目风险。项目风险管理组织，是指项目团队为了实现项目风险管理的目标而在项目组织内部设立的专门组织结构，包括组织结构、人员配备、管理体制和职责范围。一个完整健全的项目风险管理组织是风险管理的有力保证。

在信息系统项目中，风险管理组织是多是以风险管理团队的形式而存在的。风险管理团队的设立要考虑到信息系统项目的实际特点，并要与软件开发相适应。

（1）项目风险管理团队要得到项目高层的支持。只有得到高层支持才能够获得相应的授权，适当地行使风险管理的权力，完成项目管理的任务。同时，高层授权使风险管理团队能够获得必要的资源。

（2）项目风险管理团队的成员要能够包含必要的项目利益相关方。首先，信息系统开发项目的客户是必需的，客户对信息系统的需求有最为明确的要求，并且能够随时感知需求的变化。其他项目利益相关方包括主要承包商或分包商、潜在的合作伙伴以及设计方等也应该参与到风险管理中来。

（3）项目风险管理组织的结构、规模、技术和组织的复杂程度与项目组织规模的大小、项目风险的大小、风险的复杂和严重程度以及高层对风险的重视程度有重要关系。

（4）项目风险管理组织的顶端应该是项目经理。项目经理负起项目风险的主要责任，其下可以再设一名风险管理专职人员，帮助项目经理负责协调整个项目的风险管理工作。

3.2.7　项目风险管理成本

项目风险管理成本需要从 2 个方面来考虑：一是项目风险管理的直接成本；二是项目风险管理的机会成本。虽然这两方面成本的表现形式和性质都不一样，但它们确确实实构成了项目成本，需要加以研究。

1. 项目风险管理的直接成本

在项目风险管理中，我们认为项目风险管理的直接成本包括为进行风险管理而直接投入的资金、时间、人力、物力和技术。在进行风险管理时，项目组织要投入一定的资源支持风险管理工作，这种资源的投入在项目可行性研究时是需要计入到项目成本中的。

2. 项目风险管理的机会成本

机会成本也可以称其为"间接成本"，是指对项目风险管理投入资源，从而影响到其他工作的资源投入而带来的经济的损失。在项目中，机会成本在长期决策时发挥着重要的作用。一般情况下，信息系统项目是在一定的资源约束下执行的，关键人员，如项目经理的时间可能会变得极为宝贵。而关键资源由于其稀缺性，虽然购入价格可能不是十分高，但对项目的重要性不是由其价格衡量的，在这种情况下，项目风险管理的机会成本就变得很高。一般情况下，项目风险管理的机会成本不体现在项目的可行性研究中。

3.3　信息系统项目的风险识别

3.3.1　信息系统项目风险识别的目的

在项目实施之前风险管理小组或专家需要通过对项目信息资料的收集和分析，对项目相关人员的调查等，对项目可能出现的状况进行预测和识别，并进行简单的分析。风险识别可以使项目管理团队和项目管理者在信息系统项目计划和实施之前就意识到风险的存在，并对风险进行预防和应对。另外，风险识别可以使后续的工作更有效率和效果，为风险监控和风险分析打下良好的基础。

3.3.2　项目风险识别的过程

一般情况下，风险识别可以分为 3 步来进行。第一步，详尽的收集资料，包括历史资料和调查；第二步，对资料进行分析和研究；第三步，结合分析结果、直接和间接的症状，将已经存在的和将要发生的风险识别出来。其具体的项目风险识别过程分别如下：

第一步，收集资料。为了识别信息系统项目的所有风险，项目风险管理团队首先要有目的地收集有关项目本身、项目环境、项目投资者、项目实施单位和参与单位等方面的资料和数据。数据资料收集的详细程度和有效性都会影响风险识别工作的结果。所收集到的数据需要能够说明项目有可能遭遇什么风险，风险出现的预兆是什么。一般情况下，这些资料应该包括有关项目本身、项目环境以及项目组织的历史经验资料等内容。具体地说，一般需要收集以下资料。

（1）项目的前提和假设。不管项目团队是否意识到或者承认，项目的所有工作包括前期的项目机会研究、项目建议、项目可行性研究、项目计划等都是在一定的假设前提下进行的。但我们一般无法真正确定这些假设是否正确和可靠。因此，在项目前提和假设中存在一定的风险。

（2）项目的制约因素。在信息系统开发项目中，项目是处于一定的环境中的，受到各种各样内外部环境与条件的约束和制约。如法律法规、国家政策等外部因素是项目组织所无法控制的。还有一些制约因素，如资源因素、技术因素等内部因素，也只能在一定范围内可控。这些都是在项目团队的控制能力之外，隐藏着潜在的风险。

（3）项目说明书及可行性研究报告。信息系统项目的开发过程是以项目可行性研究报告中的内容作为项目管理的重要依据，最终的成果则是由项目说明书来描述。但由于项目环境和各种内、外部因素的变化，项目的实际进程可能并不会严格按照事先所制定的计划来进行，最终会导致信息系统项目的进度、成本和交付受到影响，这是我们需要研究的风险。

（4）历史资料。项目团队在以往信息系统项目中的经验和教训对于当前项目的风险识别具有非常重要的意义。在项目管理团队中，有很多人对信息系统的开发有丰富的经验，也经历了惨痛的教训，这是一笔宝贵的财富，对于识别风险有极大地帮助。统计资料主要是通过调查方法获取，并最终形成正式的文档。

以往信息系统项目的风险列表以及相关资料都有助于本项目的风险识别。项目风险管理团队应该充分利用这些宝贵的资料，从中获取有效信息，节省风险识别的成本，提高项目风险识别的效率和准确性。

第二步：资料整理分析。这一步是应用相应的工具和方法，对第一步中收集到的资料和数据进行统计和分析。第一步中收集到的资料信息量大且内容复杂，有效性也较差，并不能被直接应用到项目风险识别中去。包括的内容主要有以下两点。

（1）资料整理。将所收集到的资料进行初步整理，剔除不完整的、无效的数据，将有效数据进行分类，转变成能够被直接应用的形式。

（2）资料分析。应用统计分析工具，对数据进行分析，得出项目中可能出现的风险，并简单估计每种风险出现的概率，以及风险影响程度。

第三步，识别项目风险。依据前两步的结果，将项目中可能出现的和已经表现出来的风险识别出来，并按照规范的格式制作正式的项目识别文档以及项目风险列表。

3.3.3　项目风险识别的工具和方法

在项目风险的识别过程中，我们要用到一系列的工具和方法，主要有以下几种：

（1）历史数据法。历史数据法，是指通过对历史资料和数据的收集，掌握必要的信息，通过对历史经验和教训的总结分析，识别项目可能遇到的风险。

（2）调查法。调查法，是通过使用问卷调查、访谈等对选定的对象进行调查，获取相关信息的方法。调查对象要求范围广泛，包括项目组成员、信息系统行业专家、项目客户、供应商等与项目有较为密切关系的单位和个人。

（3）头脑风暴法。头脑风暴法，是要求参与者在群体参与的基础上，尽可能地激发创造性，产生尽可能多的设想和方法，最后逐渐统一思想并提出合理的方案。在风险管理中，应用头脑风暴法的目的就是要求项目参与人员及风险管理相关人员尽可能多的产生关于项目风险的想法和观点，将不同的风险可能性全部列示出来。在头脑风暴的过程中，一定要注意相应的原则，即自由畅谈、延迟评判、禁止批评、追求数量，以使会议在比较轻松和开放的状态下进行，以获得尽可能多的风险可能性。会后再由风险管理团队和相关专家对已获得的设想进行整理、分析，筛选出有价值的创造性设想并加以开发实施。这个工作就是设想处理。头脑风暴法的设想处理通常有两种方式：一种是专家评审，可聘请有关专家及有关代表若干人（5 人左右为宜）承担这项工作；另一种是二次会议评审，即由头脑风暴畅谈会的参加者共同举行第二次会议，集体进行设想的评价处理工作。

（4）德尔菲法。德尔菲法，是专家就某一议题达成一致意见的某种方法。项目风险管理团队将会邀请项目风险管理专家以信涵和匿名方式参与此项活动，用问卷征询专家对项目风险的有关见解，待问卷答案交回并汇总后，再发给专家征询意见。在经过若干轮的传阅和发表意见之后，就会得到关于项目风险的比较一致的看法。德尔菲法主要依赖于专家经验，能够很好地减少个人意见的偏颇和缺陷。

（5）风险树法。风险树法，就是利用树状图的形式，首先确定项目中大的风险，再进一步分解成各种小的、具体的风险；或者对各种风险的原因进行分解。这是风险识别的有效工具。该法是利用树状图将项目风险由粗到细、由大到小、由模糊到清晰依次识别，这样容易识别出所有的明确的风险因素。

（6）敏感性分析法。敏感性分析法，是研究项目在生命周期范围内，当项目的变数（如销售数量、单价、投资、成本、项目寿命等）以及各种前提发生变化时，项目经济指标会出现的变化以及变化的范围。敏感性分析是一种定量识别方法。

（7）鱼刺图法。通过头脑风暴找出影响项目的因素，并将它们与特性值一起，按相互关联性整理而成的层次分明、条理清楚，并标出重要因素的图形叫因果图。因其形状如鱼刺，所以又叫鱼刺图，它是一种透过现象看本质的分析方法。

3.3.4　信息系统项目风险识别的内容

信息系统项目风险识别的目的，就是要将项目中可能发生的和已经存在的风险识别出来，并形成项目风险列表。风险识别的内容就是需要明确什么才是影响项目的风险，以及影响项目风险的因素是什么。可以用以下几项指标描述一个风险。

（1）项目风险名称。在描述风险时，首先要给出项目风险的一个标识，也就是项目风险的名称。项目风险名称的要求是简单实用，尽量能够使人们在看到名称时就对风险有简单而清晰的认识。

（2）项目风险归属。风险归属是指对风险的一个简单分类。前面的章节已经对项目可能存在的风险类别做了一个描述，这里要将每种风险划分到相应的类别中去，以便于管理和控制。

（3）项目风险产生的原因。在这一指标中，要求对风险产生的可能原因做出简要的分析和描述。

（4）项目风险出现的征兆。风险出现的征兆，是指项目风险管理者要明确每一种风险出现的前兆是什么。任何风险的出现都不是无缘无故的，也不是突然就毫无征兆的表现出来，在风险发生之前，项目外部环境和内部因素一般会有所变化，识别这些变化对风险识别有重要意义。

3.3.5　信息系统项目风险识别的成果

信息系统项目风险识别的成果主要表现为以下两个方面：

（1）项目风险清单。项目风险清单是对项目风险识别阶段的一个总结，其具体内容为一个风险列表，将所有可能存在的风险按照一定的顺序列示。一般要将风险按照其归属分类后，再按照其出现的概率排列。

（2）项目风险说明书。项目风险说明，是对项目风险的具体描述，在风险识别阶段，其描述的范围包括风险名称、风险的类别归属、风险产生的原因以及风险的征兆。项目风险说明书在风险分析阶段需要进一步充实。

访问 Greg Kirkland

Greg Kirkland 在 Pranklin 大学获得计算机信息科学学士学位。毕业后开始编写 COBLE 财务应用软件，之后转而从事 PC 和网络支持工作，担任 IT 项目经理 10 年。

问：开始创建 IT 项目预算时，您首先考虑的是什么？

答：我尽量不把问题集中在成本上。我为一家 CPA 公司工作，他们会无比详细地分析提出预算支出。我所要做的工作是对影响项目的各种因素进行系统地分析，从而找到解决问题的最佳方案。在项目实施过程中密切注意问题出现的苗头，使开发项目成本费用有效地控制在预算范围内，从而实现项目的目标。

问：如果供应商不能如期交货，就会打乱计划，这时怎么办？

答：为了防止供应商不能如期交货，项目经理应该在项目计划中制定应对和供应商的行为相关的可能发生的事件的备用计划。和供应商讨论一下按时发货的重要性，这样，在计划被严重打乱之前，他们可以帮助找出一些补救措施。在确定供应商之前就应该进行这样的讨论。

问：在和管理层打交道时，项目经理最容易犯错误的地方是什么？

答：项目经理很容易认为项目是"自己的孩子"，但实际上你的角色只是助产士。管理层和他们的成员构思了项目、对它负最终责任。当项目完成后，他们还要和它一起成长。

问：什么是项目经理一般都容易误入的陷阱，如何避免？

　　答：不知有多少次，技术成为每一件事的理由。您要搞清楚什么时候它才真正是某件事的理由。项目扩展，或者是在项目计划已经实施而且章程已经通过后再添加一些条款到项目中，会毁掉整个项目。项目经理应该学会说"不"或者至少会说"我们看看项目后再说"。有些发起人会帮助您抵御这方面的进攻。

（摘自：《实用 IT 项目管理》）

3.4　信息系统项目风险分析与评价

　　在项目管理中，风险分析和评价的目的是应用相关工具和方法，对风险进行详尽分析，评价风险发生的概率以及可能的影响程度，确定风险暴露；确定项目风险的敏感性，对项目的每个因素及整个项目的风险做出评价。

3.4.1　风险评价过程与程序

1．风险定性分析

　　风险定性分析，是指为了进一步采取行动，通过考虑风险发生的概率、对项目的影响程度及其他因素，对已识别的项目风险进行研究和优先级排序的过程。风险定性分析通常是为风险应对过程确立优先级的一种经济有效而快捷的过程，并能够为风险的定量分析奠定基础。定性分析完成后，根据项目和风险的性质，进入下一步的风险定量分析或者直接进行风险应对规划。

2．风险定量分析

　　风险定量分析，是指对在定性分析中对项目存在较大潜在影响的、确定的、重要的项目风险作进一步分析，以量化确定风险发生的概率和风险影响程度，同时估计风险应对成本。

3.4.2　风险评价的内容与维度

1．风险的优先级分析

　　风险的优先级，是在项目风险定性分析阶段根据项目风险识别阶段收集到的资料和数据，对相关风险按照其相对重要程度进行排序。

2．风险概率分析

　　风险概率分析，即通过定量分析，研究每项风险发生的可能性。

3．风险影响程度分析

　　风险影响程度分析，即通过定量分析，研究当每种风险出现时会对项目造成的影响，以及每种影响程度的概率分布。

4．项目风险敏感性分析

　　项目风险敏感性分析，是研究当项目内、外部因素变化时，项目风险诱因将会出现的变化及变化的范围。

5．单因素风险评价

单因素风险评价，是对每个单一的风险因素进行研究，分析其概率及影响程度。

6．项目整体风险评价

项目整体风险评价，是在项目单因素风险评价的基础上，研究整个项目所面临的风险，即项目成功的概率和收益的概率分布。

3.4.3　风险评价工具与方法

1．风险概率与影响评估法

风险概率评估，是指调查每项风险发生的可能性。风险评估的目的在于调查风险对项目目标的潜在影响。针对识别出来的每项风险，确定风险出现的概率和影响程度。可通过召开会议或对风险类别熟悉的人员进行访谈等方式进行评估，并对每项风险按照重要性进行等级排序。

2．风险概率和影响矩阵法

基于在风险概率和影响评估中确定的风险等级排序，对项目风险进行优先级排序，以便于进一步进行定量分析和制定风险的应对控制。根据评定的风险概率和影响评估，对风险进行等级评定，通常采用风险概率和影响矩阵的形式，评估每项风险的重要性及其紧迫程度。概率和影响矩阵规定了风险概率和影响的组合，并将组合形式分为高重要性、中重要性和低重要性。

风险的重要性可为风险应对策略提供指导，确定不同风险的应对方法。

3．决策树法

决策树法是进行决策分析的一种常用方法。运用决策树法，第一步是绘制决策树以描述决策问题。在绘制过程中，分别用方框表示决策点；用圆圈表示决策状态；状态点的各种结果用概率枝表示，代表结果出现的概率；用线条表示方案枝和可选路径。第二步是根据类似项目的历史数据或专家估计，为决策树分配数据。第三步，为概率枝分配概率。第四步是进行必要的计算，选择最佳方案。

4．蒙特卡洛模拟法

蒙特卡洛模拟法又称随机模拟法或统计实验法，该方法是现代西方项目管理领域常用的风险分析方法，也是进行风险分析的主要工具之一。蒙特卡洛模拟，是一种通过对随机变量的统计试验、随机数学模拟，求解数学、物理、工程技术问题近似解的数学模型和方法。蒙特卡洛分析可以在计算机上模拟实际事件的概率过程，然后加以统计处理。

5．模糊综合评价法

所谓模糊综合评价法是模糊数学在实际工作中的一种应用方式。模糊综合评价法，是综合考虑所有风险因素的影响程度，并设置权重区别各因素的重要性，通过构建数学模型，推算出风险的各种可能性程度，其中可能性程度值高者为风险水平的最终确定值。

目前在风险评估领域中所应用的工具和方法较多，很多方法具有较广的应用领域，比如第 2 章提到的层次分析法也可以用作风险评价中。因此，应该掌握各种方法的应用前提，灵活应用各种方法，力求准确无误。

3.4.4　项目风险评价结果

在项目风险分析和评价阶段的风险说明书是对在项目风险识别阶段产生的风险说明书的更新和丰富，是项目风险评价的结果。首先，本阶段的项目风险说明书更新了项目风险的排序和分类，风险要按照其重要性和影响程度进行重新排序。其次，本阶段项目风险说明书的内容也更为详尽丰富，在风险识别的基础上，添加了风险的优先级、风险的影响程度、风险的敏感性以及风险的发展趋势等内容。同时针对每项风险，简要提出应对策略，为风险的应对和控制奠定基础。

3.5　信息系统项目风险应对与控制

项目风险应对和控制是项目风险管理最主要的阶段，其他步骤所有工作都是为此服务的。本阶段的目的是根据项目风险的种类、性质和大小，结合项目自身的条件和特性，制定和执行合理的风险应对措施的过程。

3.5.1　项目风险应对策略

在项目风险控制策略中，根据项目风险管理团队对项目风险的应对态度，大致可以将其分为积极管理和消极应对。具体的方式有远离、包容、缓解、接受、转嫁 4 种策略。

（1）远离。远离策略，是在项目风险较为严重，超出了项目团队和组织能够承担的范围时采取的一种措施。远离风险意味着不参与面临较大风险的项目或者项目中面临风险的部分。当然，在远离风险的同时，项目组织也远离了由项目所带来的潜在收益。一般情况下，远离风险策略是一种让人难以决断的方法，因为高风险项目对应的是项目的高收益，收益的诱惑使项目团队领导人难以割舍，但当风险超出了承受能力，或者风险与收益不配比时，放弃是一种最好的选择。

采取远离策略情况下，项目团队有可能是放弃整个项目，也有可能是放弃项目中某个风险过高的部分而将其外包给分包商。

在 ERP 的开发和应用中，流传着这样一句话，"上 ERP 是找死，不上 ERP 是等死"，说明了 ERP 项目的风险之大。在这种情况下，项目开发客户可能会因为项目风险太大，在权衡了风险和收益之后，认为该风险是企业所不能承担的，决定放弃 ERP 的开发和使用，这就是采取远离策略。

（2）包容。包容策略，是在项目开发前期进行进度和资源规划时，预留出足够应对项目风险的时间和资源，以弥补由于风险的发生而造成的进度延期和资源不足。对项目风险采取包容策略是以金钱和进度来换取一个稳定的项目进展过程和项目的成功。

在软件编写过程中，对于一个不太成熟的程序员，将对其编程速度的要求从额定的每小时 100 行调整到每小时 80 行，给他更富裕的时间从事该项工作。这就是一个最简单的包容策略。

在实际工作中，专门针对某一项工作的风险包容并没有太大的意义。项目将要面对的风险有很多种，我们不能事先预知哪种风险将会出现。但我们可以知道，所有风险都不出现和所有风险都出现的概率很小，几乎可以不计。因此，项目风险的包容可以针对完整的所有风险，而不是为每种风险都预留出一定的资源。按照概率统计原理，将能够以更少的资源应对更多的风险。

包容策略虽然稳妥而且有效，但其弊端也是显而易见的，项目成本将会因此而上升，项目进展速度也会因此而下降。

（3）缓解。缓解策略，是指在项目风险出现之前采取一定的措施，以降低最终包容风险的成本。项目风险的缓解措施必须要在风险发生之前采取，只有这样，当风险开始出现时，采取的策略才会有效。

在信息系统项目风险管理中，缓解策略是一种最为积极有效的风险应对策略，通过项目管理团队和风险管理团队的努力，尽量降低风险发生的概率和风险的影响程度，从而降低风险暴露，减少对风险进行包容所需的成本。

程序开发中的软件编程，现有的编程人员的编程速度可能会达不到在项目计划时所要求的每小时 100 行的要求，怎么办？如果项目团队想要采取缓解策略的话，可以在项目开始之前就对程序员进行培训，使其能够达到相应的要求。

（4）接受。采取接受风险策略的主要原因可能会有三种：第一种是风险是无法避免的，无论采取什么措施，都不能降低风险暴露；第二种是风险的威胁程度并不大，但如果采取其他措施阻止风险的发生，费用和成本可能会很高而得不偿失；第三种是承担该风险的收益较高、利润较大。接受策略也就是在风险发生之前，项目风险管理团队识别出并分析到了该项风险，并勇于承担该项风险，或者只是设立风险储备金，主要用于在风险发生时处理风险。

接受策略看似不是十分明智，但在实际项目中却常有应用，特别是在一些对时间和成本要求不高的项目，项目开发方直接忽视一部分风险的存在，即便是风险发生了，项目组也有能力和资源来应对风险造成的损失。当然，这些风险必须是不会危及到项目存在且较小的风险。

（5）转嫁。转嫁策略，是指将风险发生的后果及其应对的责任转移到第三方身上。转嫁并没有减少或者消除风险，只是将风险的管理责任推给了另一方。风险转嫁策略的代价是需要向风险实际承担方支付风险承担费用。风险转嫁的方式有多种，我们最常见的是通过保险的方式将风险转嫁给保险公司。其他还有通过合同转嫁风险，如保证书、担保书及相应的合同条款。

3.5.2　项目风险的应对措施

针对于信息系统项目开发过程中可能出现的风险，我们将探讨一般意义上的风险应对和控制。对应于每种风险，给出一个基本的对策，对于实际项目过程中具体到单个项目的风险，可按风险的分类分别应对。

1．政治风险的应对

在项目风险管理中，特别是大型项目的风险管理中，政治风险一直是一个比较重要的问题。大中型项目的开发周期长，投入大，涉及的范围广，在一些政局和法律法规不稳定的国家，极有可能遭受到政治、法律风险的影响。而政治风险的最大特点是不可掌控性，在项目政治风险发生时，项目组织很难通过改变环境的办法规避风险。

对于政治风险，最有效的方法是在项目风险发生之前采取相应措施，如选择政治稳定的国家和地区开展项目，避开政治风险较大的项目。这种方法最简单，也最为保守，放弃了由于高风险带来的高收益。

对于政治风险，另一个可行的办法是投政治风险保险，也就是应用转嫁风险的策略，将政治风险转嫁给专业的保险公司，或者是获得当地政府的担保。但真正愿意承担政治风险的保险公司较少，即使愿意承担，保费也较为昂贵。

结合信息系统项目风险的特点，最为可行有效的方法是转移项目实施地。信息系统项目具有无形性，其成果的主要部分是没有具体形态的数据和程序，可能一个光盘就可以装下。因此，为了规避开发阶段的政治风险，可以将项目的开发转移到一个较为稳定的国家和地区，在开发完成后再回到目的地进行安装和硬件配置。

2．市场风险的应对

对项目来说，市场风险是最容易遇到的，也是项目相关方最为关注的。信息系统项目开发的最初依据就是市场需求，如果不能很好地符合市场需求和市场变化，那么项目成功的可能性就会变得很小。面对市场风险，项目组需要在项目一开始就认真研究市场现状和变化的趋势。

3．金融风险的应对

金融风险主要是源于利率风险和汇率风险两个方面，而应对金融风险的主要措施也应该从金融手段考虑。

4．技术风险的应对

信息系统开发项目的技术风险是最直观的，也是最受技术开发人员关注的。技术风险可以从管理和技术两个方面分别进行应对，因为管理和技术是相辅相成，并且是相互促进的。项目技术风险的来源主要是所采用的技术不成熟，以及现有技术无法满足信息系统的要求。

从管理方面考虑，在选择技术方案时，应对技术方案进行仔细甄选，考虑技术成熟度，尽量减少采用不成熟的技术方案；同时，在进行项目需求识别时，就要开始考虑项目需求在现有技术条件下是否能够得以实现。

在技术方面，技术人员应该积极配合管理人员进行风险分析。技术人员一般会比管理者更了解当前的软硬件技术现状，并且能更好地提出技术改进和发展方案。在技术风险应对中，技术人员应该努力减少采用自己不熟悉的开发方法和软、硬件，避免由于无法完成工作而造成的返工、工期延迟以及成本超支。

另外，应对技术风险的一个有效方法是积极引进新技术，最直接的方式就是引进更好的系统开发人才和开发团队，或者是将具有较大风险的开发部分外包，利用外部分包商的技术能力进行风险的转移。

5．管理风险的应对

在项目开发中，管理风险是最为复杂的，也是最难以应对的，项目团队的管理能力在很大程度上决定了项目的成败。最为严重的是，项目的管理风险往往来自于项目团队的高层，他们的领导能力和管理方法如果不能适应于项目，那么项目将会处于极度危险之中。对于项目的管理风险，应对的方法也比较多。

在应对项目开发管理风险的方法中，最能解决问题的是提高项目管理团队的管理能力。在项目开始之前，可以通过为项目配备更有经验和能力的管理人员来提高项目的管理能力。但在多数情况下，组织并没有足够的管理者进行分配，或者说是项目团队已经组建完成，不适宜调动时，提高现有人员的素质就成了当务之急，对此，对管理人员的培训是一种有效的方法。

但是，在很多情况下，项目组和项目的实际情况不适合于采取培训这种治本但缓慢的方法，比如项目时间紧急，来不及进行培训，或者是培训费用较高。这种情况下，可以采用聘请咨询公司进行管理咨询的方式解决在项目中的管理问题。这种方法直接有效，而且可以对管理人员起到一定的培训作用，是一种比较可取的管理风险应对措施。

6．人员风险的应对

如在前面章节中所叙述的，信息系统项目开发中所涉及的人员风险包括 3 部分，技术人员的开发能力、开发人员的工作积极性和关键人员的离职风险。

在应对人员风险时，项目的人力资源管理和绩效管理发挥着巨大的作用。项目人力资源管理的作用在于为项目配备高素质的员工；绩效管理的作用在于对现有员工进行考核管理并进行培训，激励现有员工的工作积极性，充分挖掘潜力。对于技术人员的工作能力的考察，可以在实际工作开始前，通过对历史资料的调查和模拟操作，检验现有员工的工作能力和水平，确定一个合理的计划进度。对于能力不足以达到要求的员工，则需要加以培训或者替换。

对于开发人员工作积极性不高而造成的工作效率下降，则需要具体分析原因，找出问题的症结所在，对症下药。

关键人员的离职虽然发生的概率比较小，但是对项目造成的威胁比较大，应该受到密切关注。对于有可能离职的关键人员，应在项目开始时就预先准备后备人员。为了降低高级职员流动给软件项目带来的风险，管理人员可以采取培养后备人才的措施。在软件开发过程中，尽量让更多的人参与总体设计和关键技术的攻关工作。实施这些措施需要一定的人力、时间和经费。管理人员应根据降低风险、减少损失的原则，客观地分析形势，做出正确的决策。

7．需求识别与变更风险的应对

项目需求识别与变更中产生的项目风险的应对措施主要集中在如何更准确地识别项目需求及需求变化。只有对项目需求有更进一步的了解，才能够对项目需求的变化做出快速反应并及时应对由此带来的风险。在进行项目需求风险应对时，首先要建立项目需求的控制机制，在项目需求识别初期，通过深入的沟通交流，明确定义需求，通过项目相关方的确认后，将需求封存，并在合同中约定关于需求变更的相关条款，明确项目需求变更的责任和义务，分担项目需求变化带来的风险。具体来说，就是在项目合同中明确规定，什么情况下可以提出项目需求变更，能够允许什么程度的需求变更，以及由需求变更带来的成本上升以及工期延长的责任由谁来负责。

8．项目计划风险的应对

在招标项目中，投标者为了能够中标，可能会将项目的精度和预算估计的过于乐观，更容易出现项目的计划风险。在固定价格合同中，预算过于乐观意味着项目团队的利润降低或者造成亏损，而进度计划的过于乐观则意味着可能会由于不能按时完成项目而受到罚款，影响到公司的信誉。为了尽量避免这种风险，在项目计划时，项目团队一定要严格把关，合理安排项目进度和预算支出。

9．违约风险的应对

项目利益相关方违约风险控制和应对的主要策略是通过合同进行约束。对于外部的合作方，双方在互相信任、互相合作的同时，也不能忘记可能存在的风险，在签订相关合同时，应具体详细地注明违约责任。如对于供应商的延期交付，可以按照相应的损失制定赔偿条款。

九江移动业务运营支撑网络管理工程的风险应对

在整个项目生命周期内，尽管工程受到高度重视，团队成员热情也很高涨，但还是碰到了一些问题，要面对不少风险。

1．业务需求风险

在编制早期项目计划书时，张海认为满足不断变化的需求对整个项目影响不大，因此，在市场部李虎不断地提出新的需求时，张海"来者不拒"，不停地更新项目计划，导致项目范围无法确定，工期和成本不可控制，团队成员工作目标也不明确。作为软件开发商杰瑞对此也颇有微辞。

2．合同谈判风险

在以往工程合同谈判时，考虑到 IT 项目建设的独特性，以及硬件设备国际招投标的时效性，九江公司一般采取横向联系方式，即先了解兄弟省公司近期类似项目的采购内容，确定技术和商务条件底线后，再与供应商进行合同谈判，以确保本省项目获得最佳性价比。在这种情况下，往往因采购额度吸引力不大、沟通信息不准确、各供应商关注点不一致、各软件商体系架构不一样等原因，导致公司因此耗费了大量的时间和精力，得不偿失。

3. 产品到货风险

为满足九江移动快速发展的业务量和用户数,业务支撑网的项目建设周期越来越短,对于产品(设备或软件)到货时间提出了近乎苛刻的要求,最好"今天提需求,明天就拿货"。但是,稍有工程建设经验的人都很清楚,产品下单、生产开发、国际运输、清关、国内运输、到货签收,每个环节都需要一定时间。一般来讲,硬件设备到货周期为6~8周,软件产品交付时间为8~12周。这与市场需求瞬息万变、业务支撑项目建设分秒必争的大环境有些矛盾。

4. 工程设计风险

在设计系统架构时,项目管理经验不足、关键技术不明确、系统扩展性不佳、产品兼容性有问题、软件版本管理混乱等,均可能是影响系统正常运行的潜在隐患。在本期工程的机房设备平面设计中,张海团队起初将大部分机架式的小型机集中摆放在一片较小区域内,从表面上看,提高了机房平面空间的使用率,但是由于未充分考虑到设备散热因素,造成了该区域的机房专用空调因负荷过重而多次宕机。

5. 系统测试风险

系统测试工作是项目完工和交付使用前的重要步骤之一。张海团队曾因马虎测试或应付测试,给系统增加了诸多不利影响。例如,功能测试不全面,系统上线后发现部分功能运行不稳定,甚至根本无法实现;从未做过性能压力测试,不了解系统最大承受能力,随着业务量增加,系统负荷加重,系统运行效率下降;修改软件缺陷后未仔细测试,造成更大的缺陷出现,影响系统的安全性。

6. 割接上线风险

本期工程正式割接上线前,前期工程仍然保持运行状态,保证系统稳定运行是项目团队的第一要务。在系统割接期间,为确保7天×24小时的业务连续平稳运行,团队必须制订详尽可行的系统割接方案、新旧系统并运行方案和故障应急处理方案等,这需要协调大量的人力、物力、财力才能完成,项目建设进度也因此受到延误。

3.5.3　项目风险应对和控制结果

1. 更新的项目风险清单

经过项目风险控制阶段后,项目风险得到一定的控制和解决并且有了一定程度的变化。因此,需要对在项目风险分析阶段得出的项目风险说明书进行更新,将风险的状态更新为现在所处的状态。

2. 项目风险控制报告

在项目风险控制阶段后期,项目风险管理团队需要对项目风险的应对和控制阶段进行收尾、总结经验及教训,并将相关资料整理成文档,形成风险控制报告,以备后用。

思考题

1. 如何定义项目风险？
2. 为什么要对信息系统开发项目进行风险管理？
3. 在信息系统开发项目中，对项目开发过程影响最大的风险是什么？
4. 如何理解信息系统开发项目中的项目的风险暴露值？
5. 项目风险管理包括哪几部分？它们之间是什么关系？
6. 如何进行信息系统项目的风险应对？

第 4 章　信息系统项目范围管理

通过本章学习，读者可以：

- 掌握项目范围的定义与构成。
- 了解信息系统项目范围管理的重要性。
- 了解简述范围说明书的内容。
- 掌握 WBS 的形式及其应用。
- 了解信息系统项目范围的变更管理。

一个旅客走进硅谷的一家宠物店，观赏展示的宠物。这时，走进一个顾客，对店主说："我要买一只 C 猴。"店主点了点头，走到商店一头的兽笼边，抓出一只猴，递给顾客说："总共 5 000 美元。"顾客付完款，然后带走了他的猴子。

这位旅客非常惊讶，走到店主跟前说："那只猴子也太贵了！"

店主说："那只猴子能用 C 编程，非常快，代码紧凑高效，所以值那么多钱。"

这时，旅客看到了笼子中的另一只猴子，它标价 10 000 美元。于是又问："那只更贵了！它能做什么？"

店主回答："哦，那是一只 C++ 猴；它会面向对象的编程，会用 Visual C++，还懂得一点 Java，是非常有用的。"

旅客又逛了一会儿，发现了第三只猴子，它独占一个笼子，脖子上的标价是 50 000 美元。旅客倒抽一口气，问道："那只猴子比其他所有猴子加起来都贵！它究竟能做什么？"

店主说："我们也不知道它究竟能做什么，不过它是做项目顾问出身的。"

4.1　信息系统项目范围管理概述

项目范围管理指确定和管理为成功完成项目所要做的全部工作。在竞争日益激烈的今天，客户满意已成为软件企业努力追求的目标。但信息系统不同于一般的产品开发，它必须随着用户单位业务的发展和流程变革不断地完善与更新。用户定制化程度高导致开发方必须做好持续需求变更的思想准备。但无休止的变更与范围扩大将使得信息系统的开发进度和费用预算严重超支。因此，范围管理的失败将导致信息系统的失败。

Lyytinen 和 Hirschheim 定义了 4 种信息系统失败的分类。

（1）复合失败，当系统设计目标没有达到时，信息系统被认为是失败。

（2）过程失败，过程失败出现在信息系统不能按预定成本和工期完成。

（3）沟通失败，在系统开发过程中没有很好地和各种用户沟通导致需求不完整。

（4）期望失败，期望失败的观点认为系统失败是系统不能满足项目相关人员的需求、期望和价值。

Flowers 定义 4 种信息系统失败的条件。

（1）系统作为一个整体没有按预期运行并且总体绩效不是最佳。

（2）实施中系统没有按初始目标执行或者用户拒绝使用。

（3）开发成本超过系统生命期能带来的收益。

（4）由于系统复杂性和项目管理等问题导致项目在完成之前被取消。

Sauer 建议当有一个开发或操作中止时系统被认为失败。

很多信息系统项目实施失败的原因，是在项目实施过程当中，实施双方没有控制好项目范围而带来的问题。实施信息系统项目的特点之一是实施的周期长、对业务的依赖性强，特别是一些跨业务的项目，要完全把企业的业务流程稳定下来，并通过系统实现，是需要较长的时间来巩固的。在这样的客观条件下，常常出现一些需求不稳定、需求变更，项目范围失控的现象，如果在此问题上没有一个"度"的控制，那么项目的范围将失去控制，随之而来的是项目的风险和成本无法控制，更严重的是导致项目的滞后和失败。因此，范围需要管理。

4.2　信息系统项目范围管理的作用

俗话说"没有规矩，不成方圆"。工程项目没有图纸，不能施工。同样，信息系统没有范围定义，也不能进行。

有一个信息系统开发项目，项目并不大，开发小组认为用户规定的 4 个月开发期是足够的，但是，开始的需求调研就进行了将近 2 个月。为什么？这是一个政府办公系统，领导作为用户，需要提出需求，但领导工作繁忙，把工作交给了秘书或下级部门，秘书和下级提出了他们认为的领导需求，需求文档写出后又再与每个提出需求的部门或人员进行交流，征求意见。再三反复，文档改了很多次。即便这样仍然有许多不确定因素。分析人员牢骚很多，总觉得似乎花了时间还没真正做事，于是在还没有领导确认需求的情况下开始编写系统。成功提交第一版以后，问题接踵而来。领导们在使用的过程中不断提出新需求，这样一来，项目实际是一个无底洞，按 4 个月交工是不可能的。

这个项目其实就是一开始没有很明确地界定整个项目的范围。在范围没有明确界定的情况下，又没有一套完善的变更控制管理流程，任由用户怎么说，就怎么做，也就是说一开始规则没有定好，从而导致整个项目成了一个烂摊子。

不管是对于信息系统开发人员，还是信息系统的客户，要切记准确控制好项目范围。从本质上说，范围分析是项目组和客户一同明确、细化范围，并为将来必然发生的范围变更准备充足的文档或记录的过程。《孙子兵法》中提到"知己知彼，百战不殆"。在一个项目中客户有义务提供准确的需求，开发方也必须通过各种方法弄清客户需要什么，自己要做什么，这是项目成功的基础所在。

信息系统不是纯物化的东西，这里面有人的因素，所以这就存在很多变动的东西，不可能像理想的物质生产过程，基于物理学等的原理来做。人的（认识）规律，我们还没有认识得很清楚。现在有五花八门适应各种情况的东西出来，才能真正解决它的问题，适应变化的需求。所以我基于这样的观点：全球化形势下，变化多端，过去是很稳定的情况还可以，现在全世界这么大范围里面，任何一个地方发生变动，就可能影响到你这儿，所以变动显得是非常地迅速。这时，人的因素就更突出了，而且方法就更多种多样了。我就加上一个"现代"，强调仅用物的规律是不够的，要改变过去信息系统工程用一成不变的方法解决一切、多种多样的、丰富多彩的问题的想法。

大多数项目经理在范围分析阶段都怀有一种近乎完美的理想：希望客户能清晰地描述出自己需要的业务流程和系统功能；希望客户能随时回答项目组关于系统范围的任何问题；希望客户向项目组开放所有信息；希望客户充分尊重项目组关于范围的改进建议；希望客户乐于确认已有的范围并很少对范围作改动。一句话，所有项目经理都希望通过一次访谈就能与客户达成全部共识，就可以获得一份"完美的范围"。很不幸，无论方法和工具多么完善，项目经理们总会在项目中遇上种种与范围有关的麻烦：要么是客户根本提不出成形的范围，要么是项目组认为客户的想法简直愚蠢透顶，最让人头疼的当然还要数客户随时随地、随心所欲地改动范围了。说实话，让客户在范围书上签字与让总统在选民面前发誓并没有什么本质的区别。客户想改变范围的时候，相信绝不会有哪个项目经理莽撞到胆敢拿着客户签字的需求说明书到法庭上与客户对簿公堂。

4.2.1 范围变更管理对信息系统产品成功的影响

产品成功，指项目开发结果的成功，主要是指项目所开发的信息系统能够安全使用并且其功能达到了项目预定的目标。范围变更风险对产品成功的影响主要表现在以下 3个方面。

（1）影响项目产品的整体质量。如果对项目范围变更过程没有应用规范的过程评审和管理，由于单一范围项并不是在信息系统的一个模块中实现，很可能忽略或遗漏变更范围的相关环节，这将导致一些潜在的错误，而这些错误严重影响信息系统质量。

（2）影响项目产品达到或超过预计功能。员工在愉快情绪下很可能发挥自身能力，增加部分信息系统功能，使操作便利，界面美观，布局协调。而项目后期的范围波动，在有一定进度压力之下，会导致开发人员士气低落，工作效率低下。其结果就是影响到项目产品预计功能的实现。

（3）影响用户对项目产品满意度。范围波动过程是开发团队与用户协商的过程。用户从个人出发要求添加功能，不会考虑到这些功能的添加很可能导致工作量的大量增加或者更严重的系统架构变化。项目管理人员拒绝接受变更请求的直接结果就是用户对系统的抵触、不合作，那么系统的应用就不可能满意。

4.2.2 范围变更管理对信息系统过程成功的影响

过程成功，指的是项目过程中管理和控制方面的成功，通过各种管理方法促进项目参与人员之间的一致性，在确定的资源参数下操作，并减少铺张和浪费，使项目在规定进度和预算内完成。范围波动风险对过程成功的影响主要表现在以下两点。

（1）影响项目在预算范围内完成。范围波动会增加一些没有在预算范围内的功能，导致成本超支。大量的实践表明，在范围定义阶段发生错误或遗漏，后期修改或弥补这些错误的代价将非常高。许多成本分析表明，随着开发进程的进行，改正错误或在改正错误时引入的附加错误的代价成本是按指数阻尼正弦曲线增长的，如图 4-1 所示。

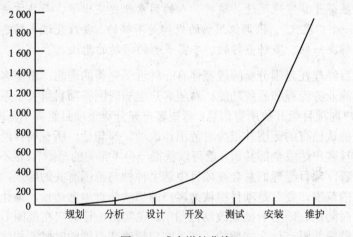

图 4-1　成本增长曲线

（2）影响项目在预期进度内完成。范围波动会导致员工士气低落，效率降低，同时工作量增加，使得进度延期。因此，范围管理无论对于小到几万元的信息系统，还是大到几千万元的信息系统，都是极为重要的。重视范围管理可以很好地保证系统在规定的时间、预算内完成。

4.3　信息系统项目的范围定义

识别系统工作范围是范围管理的核心部分。项目范围，是指把重要的项目产出物（在项目范围综述中确定的）进一步分解成更小的、更便于管理的许多子项目。项目范围定义的目的在于：提高对项目工期和项目资源需求估算的准确性，为项目的绩效度量和控制确定标准，为项目产品的成功交付提供依据。

4.3.1　信息系统项目范围定义的意义

或许很多实施信息系统项目的人员都认为"项目的管理和控制都应当是项目实施方的责任，业主方可以无虑于范围的限制，无条件的提出自己的需求，需求提得越多，对业主越有好处，不会吃亏"。但事实上并非"越多就越有利于业主"。系统的成功包括很多方面，并不是说功能越多越好。很多业主方在开发一个信息系统时，总希望系统的实施能带来生产效率或工作效率的极大提高。但是在预算、进度一定的情况下过多地提出需求并不断变化，结果只会使开发人员出现厌恶情绪、消极怠工、应付了事而不积极为业主方着想。

对于项目范围的控制，业主方比项目开发实施方占有更多的控制主动权，而且在项目范围的把控上更具有权威性和判别性。事实上也不会有多少开发实施方对已经定好的范围提出扩大的提议。项目管理的实施是双方共同努力的，而不单纯是实施方的责任。因为对于业主方本身而言，项目范围的失控同样会带来自身管理成本的浪费，项目的滞后等不良的影响。走出"项目需求（范围）越多越好"的误区，实事求是地把握住项目范围的"度"，才是实现良好项目控制的手段。

项目范围将如何定义才"合适"呢？这个度是很难把握的，项目实施双方衡量的标准是不一致的。如果合作双方在描述需求范围时都存在侥幸心理，默许项目范围边界定义的模糊性和不确定性，那么这些都为系统失败、双方对簿公堂埋下了地雷。因此，合作双方一定要齐心协力，尽量把范围定义清楚。

4.3.2　信息系统项目范围定义的内容

定义项目活动也就是进行范围说明。范围说明是在项目利益相关方之间确认或建立一个项目范围的共识，作为未来项目决策的文档基准。范围说明中至少要说明项目目标、项目产品、项目可交付成果。项目目标至少要包括成本、进度表和质量检测。项目目标应该有标志（如成本、单位）和绝对的或相对的价值（如少于 150 万美元等）。不可量化的目标（如"客户的满意程度"）会使实施方承担很高的风险。项目产品是产品说明的简要概况。项目可交付成果一般要列一个子产品级别概括表，如为一个信息系统开发项目设置的主要可交付成果，包括程序代码、工作手册、人机交互学习程序等。任何没有明确要求的结果，都意味着它在项目可交付成果之外。

下面给出一个范围说明书参考模板，目录如下。

1　前言
　　1.1　目的
　　1.2　参考
　　1.3　术语
2　系统概述
　　2.1　系统目标
　　2.2　系统架构
　　2.3　应用架构
　　2.4　硬件架构
　　2.5　网点硬件架构
3　项目工作范围
　　3.1　项目的工作任务
　　3.2　项目不包含的工作
4　项目的主要交付物
　　4.1　应用系统源代码
　　4.2　应用系统目标代码
　　4.3　开发过程文档
5　前提条件
　　5.1　开发场地
　　5.2　开发设备
　　5.3　其他
6　验收标准和流程
　　6.1　验收标准
　　6.2　验收流程和双方的责任
7　项目实施进度
8　项目组织结构
　　8.1　组织结构图
　　8.2　角色分派及职责
9　双方职责
10　需求变更流程

范围说明书是信息系统项目中的核心文档，有些人将它作为合同的附件，要重点描述项目工作范围，项目的目标和验收准则，双方的职责和需要共同遵守的规范。如双方职责可描绘如下。

客户：参加需求的讨论，提供必要业务数据资料和确认需求；参加各个阶段举行的需求评审会并签字确认；

项目组：正确引导用户提出需求，需求必须得到客户的确认；定期向用户汇报工作情况和阶段性成果。

4.3.3　信息系统范围识别的组织机构

一般来说，项目范围的定义是业主根据内部管理的需求提出来的一个框架性条目。这个框架的定义一般会涉及多方面的业务，如财务管理、采购管理、库存管理、订单管理等。而在这些范围的描述当中，一般以粗条目方式列出，并没有细化，细化的工作会在项目实施的过程中通过需求调研的方式来具体化。换而言之，这个需求包含的内容可能是"宽泛"的，其深度和广度本质上来说是模糊的，因此在项目实施全过程当中，时刻都要注意对项目范围的控制，这样才能对项目的质量、时间和成本达到有效的控制。

那么，范围定义"多和少"的度，应该由谁来把握和确定呢？领导，不可能，因为他们没有足够的时间和精力。如果有信息部门，那就是最好的，原因包括：

（1）信息部门对自身内部的业务比较熟悉，对需求描述范围的把握比较准确；

（2）信息部门本身对信息技术有较深的认识，能够识别哪些需求是技术可实现的，而哪些是不能实现的；

（3）信息部门作为业主方的项目负责机构，在协调业务部门和实施方之间的关系中能起到重要的作用。

如果没有信息部门，业主方也应该有项目负责小组，并且应该由既熟悉业务流程也懂得信息技术的人来组成。不管是信息部门还是项目负责小组，应该能在业务和技术两者之间权衡一个平衡点，在判断项目范围的环节上能站在一个比较中立的立场上给出客观的判断。

因此，识别机构应该由下列 3 类人员组成，如图 4-2 所示。

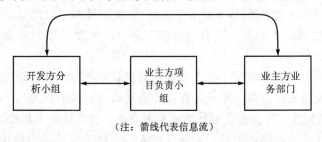

（注：箭线代表信息流）

图 4-2　信息系统项目组识别机构的成员

范围识别的过程，实际上是一个合作双方相互达成一致的过程。系统项目组必须紧密合作，保持通畅的信息流通渠道和良好的沟通氛围。业主方不能抱着"顾客就是上帝"的想法而高高在上。记住，愉快的工作氛围是项目成功的关键因素之一。

4.3.4　信息系统范围识别的方式

范围识别的方式有很多，可根据具体情况具体选择，访谈是最通用的方式。有时会存在客户不能清晰表达需求的情况，这时分析师的引导作用就很重要了。分析师不能没有做任何准备就去和客户交流，扔下一句"您需要系统实现什么功能"就把问题抛给客户，而通常客户是提不出什么"像样"的需求的。因此，分析师事先对问题的分析是很重要的。范围识别的方式大致如表4-1所示。

表4-1　范围识别方式

技　术	目　的
访谈	从用户那里获取需求的更多细节。构建访谈的方式是很多的，包括：问卷调查，结构化访谈，焦点和应用访谈
组织目标和目的分析	理解新系统的目的。这项技术一般用于理解组织为什么需要一个新系统。工程师对组织目标和目的进行分析并建立新系统的范围和边界
基于情景的需求获取	这项技术基于对情景的倾听和理解。这个情景通过用户讲述，帮助工程师理解问题领域和新系统需求
表格分析	这项技术不把用户作为系统需求的第一来源。表格对于收集需求是很有用的，因为它们是经过仔细推敲而构建的，比用户的叙述要清晰一些
业务分解	这项技术把用户需要完成的任务进行分解。帮助工程师懂得客户完成业务的知识和过程，识别关键需求，运用这些理解设计新信息系统

所有这些识别范围的方法中，有很多要通过会议的方式进行。但经常开会的人应该知道，会议的节奏是很难控制的，决策效率也是很低的。因此为了保证会议的效率和效果，应该遵循一定的规则。

（1）会前准备。要事先将会议的主题、议程连同会议通知发送给与会者，让他们事先准备，会议开始时就能够迅速进入正题，不浪费大家的时间。

（2）参会人员尽可能包括所有相关人员。范围定义必须听取最广泛的意见，这样才不会出现系统开发过程中的范围蔓延。可是在现实中，这点往往难以做到。客户因为客观或主观的原因不能到场是"家常便饭"。要做的只有尽可能让其认识到会议的重要性，邀请尽可能多的人参加。还有就是保证会议的效率，不然浪费时间，难以保证下次邀请了。

（3）会议人员有主次。通常不同人员对问题的认识不同，当出现冲突时，会议主持人一定要让核心人员做出决策，不允许存在"留到以后再说的问题"。

（4）广泛听取意见。开会就是要让大家都发言，不能先让业务核心人员说或领导说。因此，头脑风暴法是个不错的方法。会议主持人的主要工作就是引导和鼓励大家说出更多的想法，并记录下来。

（5）观点总结。当会议产生的观点很多时，需要主持人很快地整理。如果主持人发现有重复、冲突、模糊的观点，应立即予以确认。

（6）确定优先级。对需求排出优先级也是非常重要的，它能够帮助你有效分配资源，集中精力解决主要问题。

（7）会议进程。有效掌控会议节奏，范围定义不是细节需求定义，不能为一个鸡毛蒜皮问题的讨论而占用整个会议时间。同时，如果话题已经偏离主题要及时拉回。

（8）做好记录。俗话说，好记性不如烂笔头。所以在会议上做好记录是非常关键的。所以要想充分利用会议的成果，一个优秀的速记员绝对是必要的。

4.3.5　信息系统项目的工作分解结构

范围定义存在的缺陷包括：不完整性、模糊性、二义性等。上面介绍了进行范围识别的方式，但最后形成文档时，应该采用图形和文字相结合的方式。先用 WBS 工作分解结构描绘系统的功能层次图，把主要的可交付成果分解成更容易管理的单元，最终得出项目的工作分解结构（WBS），再对每一功能进行描述，将会对用户和开发方理解范围有极大的帮助。同时必须注意词语的使用，对所有范围的说明只能有一个明确统一的解释。由于自然语言极易导致二义性，所以尽量把每项需求用简洁明了且用户可理解的语言表达，明确哪些任务不包括在此次项目中。

WBS（Work Breakdown Structure）工作（任务）分解结构，简单来说就是将信息系统项目的各项目内容按其相关关系逐层进行分解，直到分解成工作内容单一、便于组织管理的单项工作为止，再把各单项工作在整个项目中的地位、相对关系用树形结构图或锯齿列表的形式直观地表示出来的方法如图 4-3 所示。其主要目的是使项目各利益相关方从整体上了解工程项目的各项工作（或任务），便于进行整体的协调管理或从整体上了解自己承担的工作与全局的关系。在实际应用中常采用树形结构图和锯齿列表相结合的方式。下面给出了某住院管理系统分解结构的例子，如图 4-4 和表 4-2 所示。

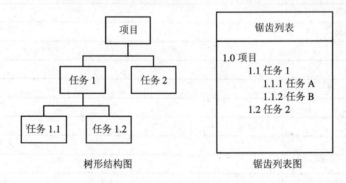

图 4-3　工作分解结构表示方式

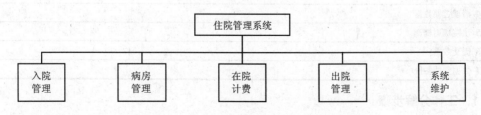

图 4-4　某住院管理系统工作分解树形结构图

表 4-2 某住院管理系统工作分解锯齿列表

任　　务
1 入院管理
1.1 病人基本资料登记
1.2 病人基本资料维护
2 病房管理
2.1 长期医嘱处理
2.2 临时医嘱处理
2.3 过期医嘱处理
2.4 检验信息处理
2.5 手术信息处理
2.6 诊疗信息查询
2.7 检验信息查询
2.8 病床信息处理
2.9 病人情况统计
2.10 病房用药统计
2.11 到期医嘱处理
3 在院计费
3.1 保证金管理
3.2 催欠款处理
3.3 个人医疗费用总账查询
3.4 个人医疗费用明细账查询
3.5 科目汇总
3.6 检验费用统计
3.7 病房总费用日结
3.8 病房总费用月结
4 出院管理
4.1 病人费用结算
4.2 明细费用查询
4.3 病历归档处理
4.4 修改出院标志
5 系统维护
5.1 科目编码维护
5.2 各类收费标准资料维护
5.3 修改职工编号
5.4 清理过期数据
5.5 出院费用查询
5.6 提交数据
5.7 数据文件备份

1. 工作分解步骤

在应用此方法的过程中，由于信息系统的单一性决定了项目结构分解没有普遍适用的方法，一般遵从以下 4 个主要步骤。

（1）先明确并识别出项目各主要组成部分，即明确项目的主要可交付成果。一般来讲，项目的主要组成部分包括项目的可交付成果和项目管理的本身。根据项目目标回答需要完成哪些主要的工作。

（2）确定每个可交付成果的详细程度是否已经达到了足以编制恰当的成本和历时估算。对于将来产生的一项可交付成果进行分解也许是不大可能的，所以"恰当"的含义可能会随着项目的进程而发生一定的变化。对每个可交付成果，如果已经足够详细，则进入到第四步，否则进入第三步——这意味着不同的可交付成果可能有不同的分解层次。

（3）确定可交付成果的组成元素。组成元素应当用切实的、可验证的结果来描述，以便于进行绩效测量。与主要元素一样，组成元素的定义应该依据项目工作实际上的组织和完成方式而定。切实、可验证的结果既可包括产品，又可包括服务。这一步要解决的问题是：要完成上述各组成部分，有哪些更具体的工作要做。对于各组成部分的更小的构成部分，应该说明需要取得哪些可以核实的结果以及完成这些更小组成部分的先后顺序。

（4）核实分解的正确性，即需要回答下列问题。① 最底层项对项目分解来说是否是必需而且充分的呢？如果不是，则必须修改组成元素（添加、删除或重新定义）。② 每项的定义是否清晰完整？如果不完整，描述则需要修改或扩展。③ 每项是否都能够恰当地编制进度和预算？是否能够分配到接受职责并能够圆满完成这项工作的具体组织单元（例如部门、项目队伍或个人）？如果不能，需要做必要的修改，以便于提供合适的管理控制。

2．实际操作中注意的问题

对于实际的项目，特别是对于较大的项目而言，分解出的项目结构应有一定的弹性，应能为项目范围的扩展做好准备。最后，在此基础上以项目目标体系为指导，以项目技术、管理系统说明为依据，由上而下、由粗到细进行分解。

在进行工作分解的时候，要注意以下 6 点。

（1）应在各个层次上保持项目内容的完整性，不能遗漏任何必要的组成部分。一个项目单元只能从属于某一个上层单元而不能交叉从属，相同层次的项目单元应有相同的性质。

（2）分解详细程度的确定。对一个项目进行分解，分解过粗可能难以体现计划内容，分的过细则会增加工作量。

（3）要清楚地认识到，确定项目的分解结构就是将项目的产品或服务、组织和过程这三种不同的结构综合为项目分解结构的过程。项目经理和项目的工作人员要善于将项目按照产品或服务的结构进行划分、按照项目的阶段划分以及按照项目组织的责任进行划分或将其有机地组织起来。也就是说，我们应该将项目的 WBS（按结构划分）、PBS（阶段分解结构）以及 OBS（组织分解结构）组合起来综合运用。WBS、PBS 与 OBS 合在一起，就提供了费用估算的结构，构成费用控制立方体（Cost Control Cube）。

（4）项目单元应有较高的整体性与独立性，应能区分不同责任者和不同的工作内容。对于项目最底层的工作要非常具体，而且要完整无缺地分配给项目内外的不同个人或组织，以便于明确各个工作块之间的界面，并保证各工作块的负责人都能够明确自己的具体任务、努力的目标和所承担的责任。同时，工作如果划分得具体，也便于项目的管理人员对项目的执行情况进行监督和业绩考核。实际上，进行逐层分解项目或其主要的可交付成果的过程，也就是给项目的组织人员分派各自角色和任务的过程。

（5）对于最底层的工作块，一般要有全面、详细和明确的文字说明。对于项目，特别是较大的项目来说，或许会有许多的工作块，因此，常常需要把所有的工作块的文字说明汇集到一起，编成一个项目工作分解结构词典，工作分解结构词典中一般包含工作包描述以及计划编制信息，如进度计划、成本预算和人员安排，以便于在需要时随时查阅。

（6）并非工作分解结构中所有的分支都必须分解到同一水平，各分支中的组织原则可能会不同。任何分支最低层的细目叫做工作包。工作包，是完成一项具体工作所要求的一个特定的、可确定的、可交付以及独立的工作单元，为项目控制提供充分而合适的管理信息。任何项目也并不是只有唯一正确的工作分解结构（例如，同一项目按照产品的组成部分或者根据生产过程分解就能做出两种不同的工作分解结构）。

4.4　信息系统项目的范围变更

4.4.1　信息系统项目范围变更的原由

变更是再所难免的，尽量减少或避免问题，找到变更的根源所在。

有一家航空公司要求一家信息系统开发公司为其建设一个专供代售该航空公司机票的代理商使用的网站，网站名字叫"飞刀在线"。讨论项目范围的时候，航空公司的项目负责人极为敬业，在短短 3 天时间里就递出了一份厚达 34 页的《范围说明书草案》。草案详细介绍了网站需要提供的代理商园地、新闻中心、实时航班查询、实时天气查询、代理商论坛五大功能，甚至还提出了对网页布局、背景颜色等细节的要求，内容翔实。项目组在工作中为客户方的项目负责人展开了深入的讨论，同时使用业务建模、快速原型、情景分析、范围跟踪表、CRC 模型、数据流图、UML 用例图等先进的范围分析技术，发挥 Rational RequisitePro 等范围管理信息系统的强劲效能，终于在范围分析结束后获得了一份客户及项目组双方都签字认可的、长达 90 余页的《范围说明书》。

但是，就在项目组顺利完成了分析、设计、开发、测试等关键任务，并且正全力监控"飞刀在线"试运行版运行状况的时候，一位航空公司的领导在亲自感受"飞刀在线"的使用后，提出一项新的需求：代理商卖机票也要通过这个网站。而这个需求在当初的范围说明书里是没有的。问题的症结在于要完成这项需求需要修改原售票主机的接口，而航空公司考虑该系统的安全性，不允许对售票核心程序作任何改动。项目接近尾声，谈判濒临破裂。最后项目经理采用了一个变通但不美观的方式解决了问题。

（资料来源：王咏刚 2003 年 7 月）

上面的案例表明，即使范围说明书做得再好，还是避免不了范围变更。在分析了信息系统生命周期内的范围变更后发现，变更来源可能有：错误报告、工程命令、项目管理考虑、市场组、开发者详细分析、设计评审反馈、技术团队讨论、功能说明评审和客户支持讨论。通过总结，得到如下表 4-3 所示的范围变更形成原因。

表 4-3　范围变更的形成原因

环境因素	（1）组织外部环境变化。比如，技术的更新，政府政策的改变，行业环境的改变，行业竞争的加强
	（2）组织内部环境变化。与组织结构、组织目标和政策有关。比如，功能增强，产品战略改变，范围减少，组织快速地采用新技术以获得竞争优势
团队因素	（1）客户对系统知识的理解增加
	（2）客户对提出的需求不能做出承诺
	（3）需求分析员领域知识和专长的缺乏
	（4）开发者对系统理解的深入、文档的重审
	（5）需求遗漏，需求错误，需求冲突
	（6）对需求的理解分歧
项目因素	（1）项目规模
	（2）项目技术、进度、费用的变化

对于环境因素中的外部环境变化，一般是很难靠组织个体力量来控制的。这就要求组织尽可能用长远的战略视角来分析行业走势及政府支持方向，进而做出信息系统项目的目标规划。内部环境变化是可控可预测的，市场环境变化多端，以不变应万变，尽量做到信息系统的柔性化。对于团队因素，目前需求工程的研究已经非常深入。通过应用与软件相适应的先进的需求工程方法和工具，可以有效避免团队原因。对于项目因素，通过运用项目管理方法可以减少由此带来的不确定性，下面就 3 个常见的原因作仔细分析。

1．对需求的理解分歧

当客户向需求分析人员提出需求的时候往往是通过自然语言来表达的，这样的表达对于真实的需求来说是一种描述，分析人员需要把这种需求整理为正式规格化的说明。这种转化在理解无误的情况下都不可能保证百分百的正确，何况有时分析员领域知识还比较欠缺。

2．开发周期长

信息系统的建设周期很长，短则 1～2 个月，长则几年，客户现在提出的要求，可能等到系统开发出来时已有所变化。当客户看到真正的系统时，就会对系统的界面、操作、功能、性能等有一些切身的体会，有可能提出需求变更要求。或者提要求的客户已经离开而取代其的客户又会提出新的需求。

3．客户的组织环境

组织环境包括外部环境，也包括内部环境。外部环境的变化包括技术的更新，政府政策的改变，行业环境的改变，行业竞争的加强等。内部环境变化与组织结构、组织目标和政策有关。比如，功能增强，产品战略改变，范围减少，快速地采用新技术以获得竞争优势等。这种情况下，是很难在系统开发早期就发现问题的，或许那时做的范围定义已经很"完美"（只针对当时环境）。这就需要把信息系统的规划与客户自身发展的战略规划相结合。

以上对变更的原因做了简要的分析。基于变更的必然性，开发方应当主动识别范围变更，积极应对，灵活反应。

4.4.2　信息系统项目范围变更的管理

范围变更之所以难管理，不仅是因为一个变更了的范围意味着要花费或多或少的时间来实现某一个新特性，同时也因为某个范围变更很可能影响到其他的范围。项目所处的阶段越早，项目不确定性就越大，项目调整或变更的可能性就越大，但是带来的代价却越低；但随着项目的进行，不确定性逐渐减小，而变更的代价、付出的人力、资源却逐渐增加。

下面是一些可以有效管理变更的措施：

1．变更识别：使更少的需求被忽略

这个措施的目的是尽可能快的识别和获取来自客户需求、市场环境、规章制度、组织结构转换等的变更请求。运用的管理策略包括以下 5 点。

（1）系统重审。系统重审是周期性进行或根据需要临时召集的审查。小组组成包括系统相关的核心人员；内容包括对系统优劣势的分析。有缺陷的地方应该进行排序以及识别根本原因。

（2）用户工作室。它使系统开发者收集来自大量用户的反馈。鸿沟分析可以用来识别用户期望和当前系统的不同。

（3）亲自体验。这种方式用于用户不能清楚表达需求变更时，系统分析员可以亲自到用户工作场所进行考察。

（4）满意度调查问卷。比如，IBM 软件开发过程的满意度参数包括：能力、功能、可用、执行、可靠、不稳定、可维护性、文档/信息，服务和总体；HP 的满意度参数包括：功能、可用、稳定、执行和服务。

（5）基准。把行业竞争标杆作为基准进行比对，能帮助识别现存系统的弱点。

2．联合应用设计

这种方法的目标是让客户参与开发的全过程。客户代表和开发者在一起工作，有问题及时解决，便于开发者迅速开发系统原型。让用户尽早接触开发系统界面，感受其操作、性能等，这样至少能减少一半的范围蔓延。

3．协商"达成一致"

这个策略的目标是与项目利益相关方就范围变更达成一致。如果不想使变更反复无常，最好让客户把变更请求书面化，并解释变更的影响后果。协商"达成一致"就是让客户不要觉得变更是一项很轻松的事情。

4．影响分析

影响分析目标是评价范围变更对现存功能质量方面的影响。范围的变更造成功能的增减，或者造成质量的下降。相应的管理策略包括：

（1）运用质量功能配置（QFD）技术。用一个矩阵使客户需求和设计特性相关。

（2）许多需求工程工具可以跟踪各个需求之间的联系。跟踪链可以用来识别潜在的影响点。

5．变更估计

不能正确估计变更带来的成本、人力和时间的变化，就不能正确做出接受、拒绝还是需要增加系统经费的决定。在规范的组织中，变更不应该是随意性的，任何变更都要经过变更控制委员会的评审。

6．区别对待

随着开发进展，有些用户会不断提出一些在项目组看来确实无法实现或工作量比较大、对项目进度有重大影响的需求。遇到这种情况，开发人员可以向用户说明，项目的启动是以最初的基本需求作为开发前提的，如果大量增加新的需求（虽然用户认为是细化需求，但实际上是增加了工作量的新需求），会使项目不能按时完成。如果用户坚持实施新需求，可以建议用户将新需求按重要和紧迫程度划分档次，作为需求变更评估的一项依据。同时，还要注意控制新需求提出的频率。

7．选用适当的开发模型

采用建立原型的开发模型比较适合需求不明确的开发项目。开发人员先根据用户对需求的说明建立一个系统原型，再与用户沟通。一般用户看到一些实际的东西后，对需求会有更为详细的解释，开发人员可根据用户的说明进一步完善系统原型。这个过程重复几次后，系统原型逐渐向最终的用户需求靠拢，从根本上减少需求变更的出现。目前业界较为流行的叠代式开发方法对工期紧迫的项目需求变更控制很有成效。

8．用户参与需求评审

作为需求的提出者，用户理所当然是最具权威的发言人之一。实际上，在需求评审过程中，用户往往能提出许多有价值的意见。同时，这也是由用户对需求进行最后确认的机会，可以有效减少需求变更的发生。

有人说，计划没有变化快。这句话说得很对，它提醒我们，没有计划是不行的，不具备可执行性的计划也是不行的。计划不是拿来炫耀的，而是要用来执行的。在确定范围计划的时候，可以没有华丽的词藻，美好的构想，但是不能没有如下要素：

什么（WHAT）：按顺序列出达到目标所需完成的工作；

何时（WHEN）：完成工作所需要的时间；

做到的程度（HOW-WELL）：要完成的工作以何标准来度量；

资源（RESOURCES）：完成工作需要的人员/资金等；

谁（WHO）：由谁负责完成任务。

4.4.3　变更的流程

国外学者 Lam 在研究需求变更的设计改进项目时，建立了一个组织的变更成熟度模型如表 4-4 所示，类似于软件工程协会的 CMM 软件能力成熟度模型。组织可参照各指标查看自己所处的水平。

表 4-4　组织的变更成熟度模型

变更管理	1. 初始/混乱	2. 可监督的	3. 纵向协同	4. 彻底的
动机/文化	变更管理没有被认为是个问题	变更管理被认为是个问题	职员都关心变更管理	变更管理渗透到整个组织
变更问题	配置管理	变更管理被看成一个独有的过程。变更扩大会进行变更评估、计划和集成	接受广泛的变更检查。变更影响软件工程的整个部分	变更被看成软件工程的推动力
一般变更过程	没有文档化	部分文档化	全部文档化和正确跟踪	全部文档化/正确跟踪/周期性评审
变更管理过程状态	不存在	结构化	系统化	持续改进
变更管理的幅度	个别	工作组	部门	组织
变更管理权利	个别发起	共同发起	专职个人	专职组
变更分类	没有或很少	不同类型的变更被识别	变更类型层次化，变更属性	建立和确认变更类型层次，变更历史
变更评估	管理者经验	非正式的变更评估模型	正式的评估模型	变更评估模型被持续改进
可跟踪性	没有或很少跟踪	手动跟踪	清晰的跟踪模型，有一些工具支持	自动跟踪支持
指标	没有指标	基础变更指标，比如完成一个变更的工作量	变更范围集	全面的变更改进指标
技术支持	自己的工具	一些专业工具，比如配置管理系统	专业工具，比如配置管理系统、跟踪工具	自动支持项目环境和开发的集成

在组织根据变更成熟度模型认识到自身的变更过程水平之后，可以对照模型根据实际情况提高自己的不足之处。一般的变更管理流程如图 4-5 所示。

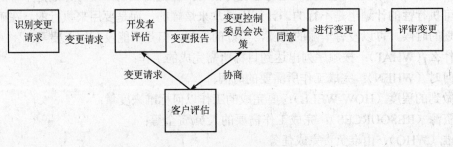

图 4-5　一般变更管理流程

变更控制委员会需要对以下问题进行分析。

（1）这个业务需求是否在关键业务描述中已经涵盖，或者说这个需求是否对关键的业务构成足够的影响力。

（2）目前系统功能是否可以解决这个需求？难度大不大？

（3）内部资源分配是否足够？

（4）时间是否允许？

（5）是否能够保证项目质量？

规范的变更管理过程，虽然不能避免范围变更，但是和抱着一种"破罐子破摔"的心态或者侥幸心理管理变更相比，结果会是完全不一样的。规范的范围变更管理过程是组织一笔很大的无形资产。

 思考题

1．什么是项目范围？

2．论述信息系统项目范围管理的重要性。

3．简述范围说明书应包括的内容。

4．WBS 的形式有哪些？

5．如何加强信息系统项目范围的变更管理？

第 5 章　信息系统项目工期管理

通过本章学习，读者可以：

- 了解工期管理的概念和特点。
- 了解工期目标、质量目标与成本目标的关系。
- 掌握网络计划技术和方法。
- 掌握工期管理的知识体系。
- 了解项目进度计划的优化方法。
- 了解和掌握信息系统项目管理的技巧。

自从 ERP 项目正式签约，任熙的办公室就反常的热闹起来。以前，只有电脑出了故障，业务部门的人才会找上门来，这回他们却不请自到，跑到信息部祝贺来了。"这下信息部可要大显身手了，有空您得跟我们讲讲，ERP 究竟是个啥？"尽管是奉承，任熙听来还是很难受。

不过，任熙心里明白，签约只是万里长征第一步，项目真正实施以后，问题肯定一个接着一个，让人恨不能生出三头六臂。他要抓紧时间享受秋日暖阳，好好放松一下。

突然，有人推门进来。任熙抬头一看，是生产部的老吴。"不会吧，你也是来道喜的？"任熙笑着问道，"哈哈，猜错了，我可不像别人那样给你猛灌迷魂汤，肉麻的话我不会说。我是来给你泼冷水了。"老吴和任熙私交不错，因此直来直去。任熙也笑："欢迎泼冷水。""你知道现在人们怎么讽刺 ERP？有一幅对联——不见不散项目组，没完没了 ERP，横批——一声叹息。够绝的吧？"任熙依然面带微笑："这个对联我早就听到过了。我还知道一组统计数据，更能说明问题。目前，国内 90%的 IT 项目延期实施，50%的 IT 项目超出预算，50%的 IT 项目无法达到预定目标。"看到任熙没被大家的祝贺搞晕，老吴放心了："嗯，你心里有谱就好。好好谋划一下，别到最后闹成个烂摊子，没法收场。"任熙感动良久。听完老吴的提醒，他再也无心晒太阳，赶紧找出自己平时搜集的、与 ERP 项目相关的资料认真研究起来。资料五花八门，任熙看得最仔细的是失败案例——都是一些活生生的教训。

翻过一遍之后，任熙发现，几乎所有的案例都有一个共性——项目延期，导致预算超支、领导不满、人心涣散，项目最终被停掉。

5.1　项目工期管理概述

目前，国内 90%的 IT 项目延期实施，50%的 IT 项目超出预算，50%的 IT 项目无法达到预定目标。可见，在实施信息化项目的过程中最常见的问题便是工期问题。如何控制项目的进度、如期完成信息化项目已成为现今人们最为关心的问题之一。

5.1.1　项目工期管理的重要性

项目的进度管理是项目管理中最重要和最基础的技术之一。很多人都以为进度管理就是项目管理。事实上，知道项目的工期就等于知道了项目的起始时间/完成时间和项目中间经历的各阶段，所以项目的工期管理变得尤为重要。项目工期的计划与控制是项目成本与资源管理的基础。

例如，前不久"神州六号"载人飞船的成功发射与返航，对于大多数人而言，项目花费多少，幕后又有多少人员的参与，可能都不知道，然而，其具体的时间，2005.10.17号发射，10.21号返航，5 天时间，110 多个小时，却是人们普遍关注的。试想一下，如果"神州六号"载人飞船项目的时间发生变动，社会中广大的"利益相关方"又会如何看待这样的事情？反应如何呢？相比较而言，项目的成本或资源如果出现异常，可能有影响的只是真正参与项目的组织或者团队。当然，这里并没有说费用与资源管理不重要，而是相对而言，项目的工期计划与控制是非常重要的，在 IT 项目中表现尤为突出。

项目工期管理，是在项目管理过程中为确保项目按既定时间完成而开展的一系列管理活动。开展项目工期管理的根本目的，是要通过做好项目的工期计划和项目的工期控制等管理工作，来确保项目的成功。项目工期管理的主要内容包括：项目活动的定义、项目活动的排序、项目活动的时间估算、项目工期计划的编制和项目工期计划的控制等。

项目工期管理，用一句话来概括，就是采用科学的方法确定进度目标，编制进度计划和资源供应计划，进行进度控制，在与质量、费用目标协调的基础上，实现工期目标，也就是通俗意义上的"保证按时完成任务"。

项目工期管理作为项目管理知识体系中的一个重要内容，又被称为进度管理、时间管理，它对于项目进度的控制至关重要。在范围管理的基础上，通过确定、调整合理的工作排序和工作周期，时间管理不仅能满足项目时间的要求，而且可以使资源配置和成本达到最佳状态。

5.1.2　项目工期管理的一般步骤

PMBOK 提出，项目工期管理或者时间管理由下述 5 项任务组成。

1. 项目活动分解

项目活动的分解工作是项目工期管理中的一项重要内容，分解项目活动最基本和最主要的依据之一是项目分解结构 WBS（Work Breakdown Structure）。项目工作分解结构是一个关于项目所需开展工作的层次性结构的描述。它给出了一个项目所需完成工作的整体表述和所包括的工作以及他们之间的相互关系。项目工作分解结构的详细程度和层次多少主要取决于两个因素：一个是项目组织中各项目小组或个人的工作责任划分和他们的能力水平；另一个是项目管理与项目预算控制的要求高低和具体项目团队的管理能力水平。项目活动分解的其他依据还有：已确认的项目范围，历史信息，项目的约束条件，项目的假设前提条件等。

2. 项目活动排序

通过 WBS 知道了完成项目需要执行哪些具体的活动，这些工作可能很多，而且头绪复杂，但是项目是有时限要求的。那么，这些活动应该先做哪个，后做哪个呢？这个时候，就需要给这些活动排一个先后顺序。项目活动排序，是指通过分析和确认项目活动清单中各项活动的相互关联与相互依赖的关系，对项目各项活动的先后顺序进行合理安排与确定的这样一种项目时间管理工作。

项目活动排序工作所需的依据主要包括以下 4 个方面：

（1）项目活动清单及其相关支持细节文件；

（2）项目产出物的说明与描述；

（3）项目活动之间的必然/人为/外部依存关系；

（4）项目活动的约束/假设前提条件。

项目活动的排序有4种依赖关系：

（1）结束后才开始 FS（Finish to Start）指一种活动结束了，另一种活动才能开始，它们之间是按先后顺序进行的；

（2）开始后才开始 SS（Start to Start）指一种活动开始了，另一种活动才能开始，它们之间是并列进行的；

（3）结束后才结束 FF（Finish to Finish）指一种活动结束了，另一种活动才能结束；

（4）开始后才结束 SF（Start to Finish)指一种活动开始了，另一种活动才能结束。

为了确定活动之间的先后顺序，首先进行工作分解；然后根据项目活动之间的各种依存关系以及实施过程中的限制因素和假设条件，确定活动之间本身存在的逻辑关系；在此基础上结合现有的资源情况进行综合分析，得出活动之间的先后顺序。通过项目活动排序确定出的项目活动关系可以使用网络图的方式表示。项目的网络图通常有两种表现形式，前驱图法 PDN（Precedence Diagramming Method）与箭线图法 ADM（Arrow Diagramming Method）。

- 前驱图法 PDN，又称节点式网络图 AON（Activity-On-Node Network），或单代号网络图。这是一种使用节点代表活动，箭线代表活动关系，并连接节点的项目网络图，它体现了 FS、SS、FF、SF 四种类型的逻辑关系。
- 箭线图法 ADM，这是一种利用箭线代表活动，节点表示活动顺序的项目网络图，这种网络图又叫双代号网络图 AOA（Activity-On-Arrow Network），ADM 一般仅表示 FS 这种逻辑关系。这种方法在我国建设项目工程中应用较多。在箭线图法中，通常只有描述项目活动之间的结束—开始的关系，所以当需要给出项目活动的其他逻辑关系时，就需要借用"虚拟活动"来描述。所谓虚拟活动，就是不需要花费时间与资源的活动。

3. 项目活动的工期估算

项目活动的工期估算，是对已确定出的项目活动所做的工期（或时间）可能长度的估算工作，包括对每项独立的项目活动的时间估算和对于整个项目工期的估算。要想知道项目活动究竟需要多长的时间，首先必须了解影响活动工期的因素。

第一是意外事件对工作时间的影响。在项目的实际进行中，总会遇到一些意想不到的突发事件，如客户要求发生了变化、小组骨干成员的离开、客观条件出现了新的情况等。这些突发事件大都会对项目的实施进度带来影响，在计划项目进度时就尽可能地考虑意外时间，以便于自如应对这种意外事件。

第二是小组成员的工作熟练程度与工作效率对工作时间的影响。工作越熟练，效率越高，活动所需的时间就越少；反之，所需的时间则越长。

第三是资源供应情况对时间工作的影响。项目所需的资源若应有尽有，则会省时；相反，如果实施项目所需的资源不具备，则费时费力。

活动工期的估算是项目工期计划的核心，它不仅决定了活动的持续时间，也对活动的开始及结束日期具有重要的影响。项目活动工期估算的方法有以下3种。

（1）类比法。类比法是以过去相似项目活动的实际活动工期为基础，通过类比的办法估算出新项目活动工期的一种方法。这种方法一般仅用于最初的项目活动工期估算。

（2）专家评估法。专家评估法是由项目时间管理专家运用他们的经验和专长对项目活动工期做出估计和评价的方法。由于项目活动工期受许多因素的影响，所以在使用其他方法和推理有困难时就必须依赖专家的经验，因此专家评估法在很多情况下是有效的。

（3）模拟法。模拟法是以一定的假设条件和数据为前提，运用仿真的办法去进行项目活动工期估算的一种方法。常见的这类方法有蒙特卡罗模拟、三角模拟等，在此不作详细介绍。

4. 项目工期计划制定

项目工期计划制定，是指根据项目活动分解与界定、项目活动排序、各项活动工期估算和项目所需资源情况而开展的项目工期计划的分析、编制与安排工作。项目工期计划的主要内容包括：定义出项目的起止日期，制订出具体的实施方案与措施等。在制定项目工期计划之前，应考虑一些情况：如资源平衡、资源库的现状、日历、制约因素等。

项目工期计划是专项计划中最为重要的计划之一，因为它会直接影响到项目集成和其他专项计划，所以这种计划的编制需要进行反复的试算和综合平衡。主要方法有以下3 种。

（1）关键路径法 CPM（Critical Path Method）。关键路径法是最先确定出项目各活动，然后通过分析得出每一活动时间以及工作的重要程度。关键路径法的主要目的就是确定项目中的关键工作，以保证实施过程中能重点突出，保证项目按时完成。

（2）图形评审法 GERT（Graphic Evaluation and Review Technique）。这种方法与 CPM相比，允许在网络逻辑和活动持续时间方面具有一定的概率陈述，即除了工作延续时间的不确定性外，还允许工作存在一定的概率分支。例如，某些工作可能完全不被执行、某些工作可能仅执行一部分，而另一些工作可能被重复多次执行。

（3）计划评审技术 PERT（Planning Evaluation and Review Technique）。这是一种工作前后序列逻辑关系及活动不确定时间表示的网络计划图，其基本形式与 CPM 相同，只是 CPM 仅需一个确定的工作时间，而 PERT 则需要活动的三个时间估计，包括最短时间 T_o、最可能时间 T_m 以及最长时间 T_p，然后按照分布计算出工作的期望时间 T_e。

期望时间可由公式 $T_e=(T_o+4 \times T_m+T_p)/6$ 得出。

项目进度计划的表达形式大致可以分为以下三种：第一种是里程碑图，是标识项目计划的特殊事件或关键点，这种方法在管理层中用得最多，主要是列出项目的关键活动以及这些活动完成或开始的日期；第二种是甘特图，又叫横道图或条形图，图形的左边列出项目的活动，右边以横道线代表活动的工期，上面是项目进度的时间单位，横道线的左端是活动的开始日期，右端是结束日期。第三种是网络图，它是由一系列的圆圈点和箭线组合而成的网状图形，用来表示各项工作的先后顺序和相互关系的关系图。

5. 项目工期计划控制

项目工期计划控制是对项目工期计划的实施与项目工期计划的变更所进行的管理工作。其目的是为了实现对项目的进展状态进行控制，以便使项目的各项活动都能在计划的时间内开始和结束，并且在基线日期内完成项目的所有任务。项目工期计划控制的方法多种多样，但是最常用的有三种：项目工期计划变更的控制方法、项目工期计划实施情况的度量方法和追加计划法。项目工期计划变更的控制方法，是针对项目工期计划变更的各种请求，按照一定的程序对项目工期计划变更进行全面控制的方法；项目工期计划实施情况的度量方法，则是一种测定和评估项目实施情况，确定项目工期计划完成程度和项目实际完成情况与计划要求的差距大小的管理控制方法；而追加计划法是根据出现的工期计划变动情况使用追加计划去补充和修订原有的项目工期计划。

项目工期计划控制工作的结果——更新后的项目工期计划。这是根据项目工期计划实施中的各种变更和纠偏措施，对项目工期计划进行全面修订以后所形成的新的项目工期计划。项目工期计划控制中所采取的纠偏措施，是指为纠正项目工期计划实施情况与原有计划要求之间的偏差所采取的具体行动。

项目工期计划实施情况的改进，这是项目工期控制工作最主要的结果。因为开展项目工期控制工作的根本目的是努力改善和提高项目工期计划的实施结果，以便在不断改进和提高的基础上使得项目施工工作能够按照计划去完成。

当然，每个工期计划的详细程度还是取决于执行计划的人。主要涉及以下几类——是为信息系统开发的团队领导制定的？还是为负责监管系统应用项目的跨职能的领导团队制定的？还是具体到信息系统的编程人员自身呢？所以，编制项目进度计划一定也要有准确的定位——为谁服务？这是编制者自身一定要明确的。

5.2　信息系统项目活动的排序和工期计划的编制

中国古语中有很多关于时间的描述："时间就是金钱"、"一寸光阴一寸金，寸金难买寸光阴"……这些话同样适用于现代社会。它形象地说明了现代金融学界根据骰子的时间价值来衡量一个项目的价值，就如同投资的时间价值与完成特定可交付成果所需要的时间及成本是相关的一样。项目管理者应该有能力准确地预测在项目时间跨度方面的要求，完成项目工作的成本管理和负责完成项目的工作。换句话说，开展一个项目基本上有三种进度计划类型：执行进度计划、人员进度计划和成本进度计划。

信息系统项目团队成员通过执行项目工期计划了解了项目的开始时间和结束时间，了解了每一个项目参与者每天分配在每项任务上的时间，以及他们离开项目团队的时间，即执行进度计划；人员进度计划指出了每个项目管理者的时间分配情况。为了缩短项目时间或者减少项目成本，信息系统项目领导可以根据执行计划和人员进度计划，调整或者重新安排分配给各个项目团队人员的任务。成本进度计划主要是关于项目的资金数额，以及根据时间函数给每一个任务分配的资金。这样，在项目开始之前，如果觉得资金不足以开展项目，可以再提出申请，直到得到足够的项目资金。在计划阶段初期，大部分信息系统项目都会遇到资金预算过少的问题，因为在制定出准确的预算之前首先要做出是否开展项目的决定，这就意味着项目团队成员在得到额外的资金之前，必须先论证技术创意或者描述市场前景。有时候，在制定初步预算时，收集到的信息不够完整，而且在实际开展工作的过程中，实际所用的成本可能会超过计划的预算成本，所以要进行成本计划的调整。

总而言之，任何项目计划都包括这 3 个进度计划。它们代表了约束项目的 4 个参数：产品——信息系统的性能或者技术要求；工期——信息系统开始与完成的具体时间；成本——信息系统项目所需要的资金；质量——信息系统的理想状态与用户的需求。开始着手制定这 3 个进度项目计划时，应该从了解项目工作分解结构开始。从工作分解结构中，项目管理者可以很清楚地了解任务的数量和层次，相关的进度里程碑，以及项目所需要的资源等。

表 5-1 所示，是某信息化项目的活动描述。

表 5-1　某信息化项目的活动描述

计划的活动	活 动 描 述
A	软件的设计、编码和测试
B	硬件的设计、开发和测试
C	整合硬件与软件
D	系统的整合
E	系统测试
F	系统上线

5.2.1　信息系统项目活动的排序

活动排序首先要求确认各活动间的相关性。活动必须被正确地加以排序，如图 5-1 所示，以便今后制定可行的进度计划。排序可由计算机执行（利用计算机软件）或用手工排序。对于小型信息化项目手工排序很方便，对大型项目的早期（此时项目细节了解甚少）用手工排序也是方便的。总之，手工编制和计算机排序应按照具体项目情况，结合使用。

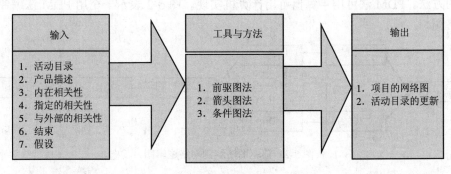

图 5-1　活动排序

1. 活动排序过程的输入

（1）活动目录。信息系统项目具体包括哪些模块，需要事先由项目主要利益相关方确定。

（2）产品描述。不同的产品特征会明显地影响活动的排序。例如，一个软件项目子系统的接口。同时，对产品的描述要加以核对、审查，以确保活动排序的正确性。

（3）内在的相关性。内在的相关性是指所做工作中各活动间固有的依赖性，内在相关性通常由客观条件限制造成。例如，一个电子项目只有在原型完成后才能对它进行测试。

（4）指定的相关性。指定的相关性是指由项目管理团队所规定、确定的相关性，应小心使用这种相关性并充分加以陈述。承认并使用这样的相关性进行排序会限制以后进度计划的选择。例如，在一个特定应用领域有一个"最好的做法"，或者有些时候，即使有几种可接受的排序，但因某种原因一个特定的活动排序关系被偏爱而指定性相关，也可称偏好相关或软相关。

（5）外部相关性。外部相关性是指本项目活动与外部活动间的相关性。例如，一个软件项目的测试活动依赖于外部硬件的运行。

表 5-2 所示，是某信息化项目的活动排序结果。

表 5-2　某信息化项目的活动排序结果

计划的活动	活 动 描 述	优 先 次 序
A	软件的设计、编码和测试	项目开始之时
B	硬件的设计、开发和测试	项目开始之时
C	整合硬件与软件	A，B
D	系统的整合	B
E	系统测试	C，D
F	系统上线	E

2．活动排序的工具和方法

（1）前驱图法（PDM）。这是编制项目网络图的一种方法，利用节点代表活动而用节点间箭头表示活动的相关性，也叫活动节点法（AON）。是大多数项目管理软件包所采用的方法。PDM 法可用手算也可用计算机实现。图 5-2 表示一个用 PDM 法编制的简单网络图。

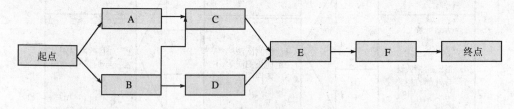

图 5-2　前驱图法编制网络逻辑图

（2）箭头图方法（ADM）。这是项目网络图的另一种方法。用箭线表示活动，用节点连接箭线以表示相关性，这种技巧也叫做箭线代表活动（AOA）。虽比 PDM 法较少使用，但在某些应用领域仍是一种可供选择的技巧。ADM 仅利用结束→开始关系以及用虚工作线表示活动间逻辑关系。ADM 法可手编也可在计算机上实现。图 5-3 表示用 ADM 法做的一个简单项目网络图。

（3）条件图方法。条件图方法包括图表评审技术（GERT）和风险评审技术（VERT），这些表达形式允许活动序列的互相循环与反馈，从而在绘制网络图的过程中会形成许多条件分支。例如，某试验须重复多次，就会出现一个循环的圈，一旦检查中发现错误，设计就要修改，从而出现条件分支。但是，这些在 PDM 法和 ADM 法中均是不允许的现象。

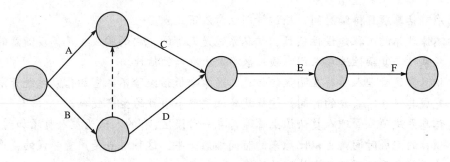

图 5-3　箭头图方法编制网络图

3. 活动排序过程的结果

（1）项目网络图。项目网络图是项目所有活动以及它们之间逻辑关系（相关性）的一个图解表示。图 5-2、图 5-3 表示同一项目网络图的两种不同画法。网络图可手工编制也可用计算机实现。网络图一般伴有一个简洁说明以描述基本排序方法，但对不平常排序应该加以充分地描述。

（2）修改后的活动目录。前面提到，活动定义的过程可对 WBS 做修改。同样的，编制网络图也同样出现这样的情况。例如，一个活动必须进一步划分或重新定义，以画出正确的逻辑关系。

5.2.2　信息系统项目工期计划的编制

项目工期编制要决定项目活动的开始和结束日期。若开始和结束日期都是不现实的，项目计划的编制就是不可能完成的。进度编制、时间估计、成本估计等过程交织在一起，这些过程反复多次，最后才能确定项目工期计划，如图 5-4 所示。

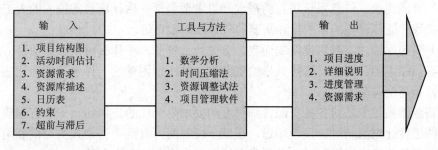

图 5-4　项目工期计划编制

1. 工期编制的输入

（1）项目网络图。如前所述，见图 5-2 与图 5-3 两种方法表示的项目网络图。

（2）项目活动所需时间估计。在当今的项目环境中，人们普遍对信息系统项目存在一种负面的评价，认为信息系统项目经常会出轨。虽然到目前为止，确实还没有找到一种很好的方法来解决信息系统项目面临的成本估算、进度计划编制等工作上存在的困难，但是项目管理者可以帮助项目团队了解信息系统项目的一些特征。

为准确估算项目持续时间，应该特别注意以下几点：

- 不像具体的工程建设性项目，信息系统是无形的，它的构成也是高度随意的，其抽象性与复杂性造成人们对项目很难做出准确的估计。
- 信息系统管理人员存在明显的偏见，通常会低估经验不丰富的信息系统开发人员完成其任务所需要的时间，这样就降低了整个项目的生产效率。
- 信息系统项目管理人员认识上普遍存在一种误区，有的人认为把人员增加到 2 倍，项目的完成时间就可以比原来的时间缩短一半，这种观点是严重错误的，严重影响了信息系统项目工期计划的编制。
- 信息系统项目管理者通常会忽视真实的估计，因为在信息系统产品及时投入市场后，即投入使用后，会有两种可能的情况，或者很容易就被客户所接受，或者被客户所否认，项目领导应该客观估计可能的后果。
- 信息系统项目团队不能很好的定义项目范围，导致客户与市场会对产品提出新的性能和特性的要求，从而增加预期的成本与时间。

基于以上考虑，某信息化项目工期估计如表 5-3 所示。

表 5-3　某信息化项目的活动时间估计

计划的活动	活动描述	优 先 次 序	计划活动持续时间（月）
A	软件的设计、编码和测试	项目开始之时	9
B	硬件的设计、开发和测试	项目开始之时	3
C	整合硬件与软件	A，B	2
D	系统的整合	B	5
E	系统测试	C，D	4
F	系统上线	E	2

（3）资源需求。信息系统项目的需求一般主要包括：估计项目需投入的人工量、需要的人工数、硬件设备的需求量和需要的资金投入数目等。

（4）资源库描述。对进度编制而言，有关什么资源、在什么时候、以何种方法可供利用是必须知道的。例如，安排共享的资源也许是特别困难的一件事，因为这些资源的可利用性是高度可变的。

在资源库描述中，对各种资源详细程度的要求是变化的。例如，一个咨询项目在进行最初的进度计划编制时，仅须知道，在某一段时间内有两个咨询人员可供利用，然而在同一项目的最终进度编制时，必须确定使用一位特定的咨询人员。

（5）日历表。项目日历表和资源日历表确定了可用于工作的日期。项目日历表对所有资源有影响（例如，一些项目仅在法定的工作时间内进行，而有的项目可一日三班安排工作）；各种资源日历表对特定的资源有影响（例如，项目团队的成员可能正在放假或接受培训）。

（6）约束。有这样一些约束在编制进度计划时必须加以考虑：

强制性日期：某些工作应项目投资方、项目客户或其他外界因素的要求，必须在某一特定日期完成。例如，某董事会要求某技术项目在某日期前必须完成等。

关键事件或里程碑事件：项目投资方，项目客户或其他项目相关人提出在某一特定日期前完成某些工作，一旦定下来，这些日期就很难被更改了。

（7）超前与滞后。为了精确说明活动间相互关系，需对超前和滞后有明确的说明。例如，在订购一台设备和使用之间有两个星期间隔。

2．工期计划编制的工具和方法

（1）数学分析。数学分析包括理论上计算所有活动各自的最早和最迟开始与结束日期，但计算时并不考虑资源限制。这样算出的日期并不是实际进度，而是表示所需的时间长短。考虑活动的资源限制和其他约束条件，把活动安排在上述时间区间内，常用数学方法有如下 3 种。

关键路线法（CPM）——借助网络图和各活动所需时间（估计值），计算每一活动的最早或最迟开始和结束时间。CPM 法的关键是计算总时差，这样可决定活动的时间弹性。CPM 算法也在其他类型的数学分析中得到应用。

GERT（图表评审技术）——对网络结构和活动估计作概率处理（即某些活动可不执行，某些仅部分执行，某些可不只一次执行）。

PERT（计划评审技术）——利用项目的网络图和各活动所需时间的估计值（通过加权平均得到的）去计算项目总时间。PERT 不同于 CPM 的主要点在于 PERT 利用期望值而不是最可能的活动所需时间估计（在 CPM 法中用的）。PERT 方法如今很少应用，然而类似 PERT 的估计方法常在 CPM 法中应用。

（2）时间压缩法。时间压缩是在不改变项目范围前提下，寻找缩短项目工期的方法。时间压缩包括如下两种方法。

应急法——权衡成本和进度间的得失关系，以决定如何用最小增量成本达到最大量的时间压缩。应急法并不总是能产生一个可行的方案，且常常导致成本的增加。

平行作业法——平行地做活动，这些活动通常要按前后顺序进行。例如，在设计完成前，就开始写程序。

（3）资源调整尝试法。数学分析法通常产生一个初始进度计划，而实施这个计划需要的资源可能比实际拥有的更多，或者要求所用资源有大幅度的变化。资源调整尝试法可在资源有约束条件下制定一个进度计划，用资源调整尝试法计算出的项目完成时间一般比初始进度长。

（4）项目管理软件法。项目管理软件法被广泛地使用以帮助项目进度计划的编制。这些软件可自动进行数学计算和资源调整，可迅速地对许多方案加以考虑和选择。

3．工期计划编制的结果

（1）项目进度。项目进度至少要包括每一项具体活动的计划开始日期和期望完成日期（注：求出的进度计划仍是初步的，资源分配可行性的确认应在项目计划编制完成之前做好。）

项目进度可用简略形式或详细形式表示，虽然可用表格形式表示进度，但更常以图的形式来表示，具体有以下四种。

有进度日期信息的项目网络图（见图5-5）。这些图能显示出项目间前后次序的逻辑关系，同时也显示了项目的关键路线与相应的活动。

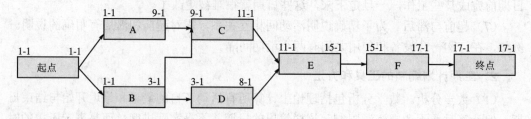

图 5-5　有进度日期的项目网络图

用于显示日期信息的条形图，也称甘特图（见图5-6）。该图显示了活动开始和结束日期，也显示了期望的活动时间，但图中显示不出相关性。条形图容易读，通常用于直观显示。

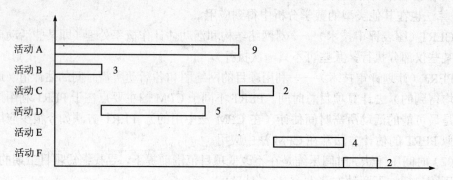

图 5-6　条形（甘特）图

有反映重大事件的里程碑图（见图 5-7）。可明显看出主要工作活动的开始和完成时间。

事　　件	3 个月	6 个月	9 个月	12 个月	15 个月	18 个月
A			△			
B	△					
C				△		
D			△			
E					△	
F						△

图 5-7　里程碑图

有时间尺度的项目网络图（见图5-8）。它是项目网络图和条形图的一种混合图。这种网络图显示了项目的前后逻辑关系、活动所需时间和进度方面的信息。

还有许多其他方法能显示项目的信息。

（2）详细说明。项目进度的详细说明要包括对所有假设和限制的文字叙述。详细说明中提供的资料信息通常包括：

- 不同时间阶段对资源的需求，经常以资源直方图形式表现；
- 替代的进度计划（在最好情况下或最坏情况下，资源可调整或不可调整情况下，有或无规定日期情况下）；
- 计划进度余地或进度风险估计。

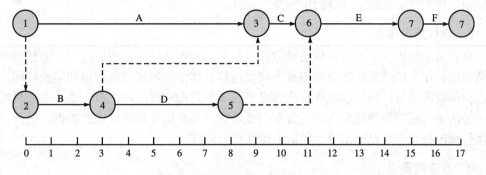

图 5-8　有时间尺度的项目网络图

（3）进度管理计划。一个进度管理计划是指对进度的改变应如何加以管理。根据实际需要，进度管理计划可做得非常详细，也可是粗略框架；可用正规形式，也可以非正规形式表示。项目进度管理计划是整个项目计划的一部分，项目团队视具体情况编制适合的计划。

（4）资源需求的修改。其资源的调整和活动目录的修改都可能对资源的初始估计产生很大的影响，所以要求客户或项目团队在项目启动初期就应该对资源需求做出准确的估计。

5.3　信息系统项目工期的控制

项目工期控制主要包括以下三方面的内容：

（1）确定原有的进度已经发生改变；

（2）改变某些因素使项目进度朝有利方向改变；

（3）当实际进度发生改变时要加以控制，工期计划控制必须和其他控制过程结合。

项目系统工期控制流程图。

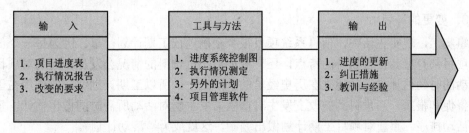

图 5-9　项目系统工期控制流程图

5.3.1　信息系统项目工期控制的输入

1．项目进度表

项目进度表，又称基准进度，是项目总计划的一部分。它提供了度量和报告进度执行情况的基础。如上述网络图表示的信息系统项目工期计划，它们详细记录了项目的起止日期，作为今后项目实施过程中衡量的标准。

2．执行情况报告

执行情况报告提供项目工期进展方面的信息。如哪些活动如期完成了，哪些活动未如期完成。作为信息系统项目应该视不同部门和具体情况制定进展汇报间隔的时间。例如，一年期的项目，作为项目成员应该每周或者每月向项目经理汇报一次，而项目经理应该每两个月或者每季度向上级主管部门或者客户提交进度报告，以此类推。另外，项目执行情况报告中可以提出项目团队值得注意的问题。

3．改变的要求

要求改变进度的形式有多种——口头或书面，直接或间接，外部或内部，强制性或有多种选择。当然，这些具体的改变要求的结果可能会加快进度，也可能会延长进度。

5.3.2　信息系统项目工期控制的工具和方法

1．进度改变控制系统

可改变的进度控制系统通常指一些特定过程，通过这些过程可以改变项目进度。该系统包括书面工作，追踪系统以及允许的进度偏差。进度改变控制系统应该与控制系统的总体改变结合起来，具有一致性。

2．执行情况测定

控制进度的一个重要部分是决定进度的偏差是否需要纠正的措施。例如，一个非关键活动的一个较大时间延误也许只对项目产生较小的影响，而关键活动的较小延误也许就需要马上采取纠正措施。这一点应该引起信息系统项目管理者的高度重视。正所谓不要"丢了西瓜捡芝麻"，项目经理应该能够果断地判断出某个偏差是否为关键路径上的关键活动，是否会对项目进度产生影响，产生的影响是否为决定性的等。

3．变更的计划

事实上，现实生活中，信息系统项目很少精确地依工期计划行事。因为每一个信息系统项目都有着其各自独特的特点，还有着很多不可预料的情况会发生。起初对项目各个活动的时间估计也都是建立在历史经验的基础之上，所以工期计划编制的作用在于参考、督促和鞭策。当预料到的改变发生时，就需要重新对活动所需时间做出估计，重新修改活动排序，重新对项目工期计划做出编制，这就成为"滚动计划"。

4．项目管理软件

项目管理软件能把计划日期和实际日期加以对比，并能预测进度改变所造成的影响。该软件是进度控制的一个有效工具。目前，市场中存在的专业化项目管理软件，主要有由微软公司推出的 Project 系列和 P3 等。而在国内，项目管理软件只停留于大型项目使用，如大型建筑项目、大型软件开发项目等，中小型项目团队使用专业项目管理软件的还是比较少的。但是随着我国信息化建设的逐步完善和国内项目管理的逐渐成熟，使用专业化项目管理软件将是大势所趋。

5.3.3　工期控制的结果

1．工期的更新

工期更新指根据执行情况对计划进行调整。若有必要，必须把计划更新结果通知有关各个项目利益相关方，因为工期更新有时还需要对项目的其他相关计划做出调整。有些情况下，进度延迟十分严重，以致需要提出新的基准进度，以便给下面的工作提供现实的、更有可操作性的数据。

2．纠正措施

纠正措施是指采取纠正措施使进度与项目计划一致。在时间管理领域中，纠正措施是指加速活动，以确保整个项目一方面尽可能在规定时间内完成，另一方面是尽可能减少活动的延迟时间，从而降低延时所带来的损失。

3．教训与经验

教训与经验是指找到信息系统项目进度产生差异的原因，采取的纠正措施以及其他方面的经验教训，并将其记录下来。

5.4　信息系统项目工期管理策略

5.4.1　信息系统项目延期产生的影响

企业大型管理信息系统建设所涉及的因素很多、也很复杂，是一项庞大的系统工程。在企业将系统的建设任务以合同的形式承包出去之后，对于业主来说，虽然找到了系统的开发商，但由此产生的进度控制问题所带来的风险就显得很重要了。这是因为，承包方在得到项目之后，根据自己的利益需要制定信息系统的开发战略，成本问题是他们最为关注的，其次才是进度和质量；另外，承包商的加入，增加了信息系统建设的一个中间环节，管理的难度也就相应地增加。有时候信息系统开发进度的失控可能并不是由于承包商的原因，而是由于业主的原因造成的。因此，业主只有在加强对承包商的全面监督与控制的同时加强自身的管理，才能减少由于系统开发进度失控对系统成功的影响。

不管是谁的原因造成的进度失控，都会对本企业的信息化和管理系统建设产生消极的影响，其中主要的问题有 4 点。

1．系统投入正常运行的计划时间被推迟

客户不得不推迟系统投入正常运行的计划时间，这是项目延期导致的直接后果。这个后果因企业建设该系统的目标不同而具有不同的严重程度。对于希望尽早将系统投入运行的企业来说，问题显然是比较严重的；即使对不急于使用系统的企业，项目延期，也会增加客户的负担，包括时间、人力、物力和财力的继续投入等。

2．系统开发质量失控

项目延期将导致系统开发质量方面的问题。一般来讲，质量控制和进度控制是一对孪生兄弟，相互起连锁反应。进度失控可能导致质量失控；同样，质量的失控也会导致进度失控。软件的质量是信息系统管理的生命，如果它的质量得不到保证，是无法通过用户那一关的，进而信息系统项目团队就会被要求进行重新设计、开发等一系列环节。于是造成恶性循环，带来不必要的麻烦。

3．突破项目的计划投资额度

项目延期，容易突破项目的计划投资额度。一旦信息系统项目执行的进度拖后，一般需要投入足够的资源来解决存在的问题或重新制定计划。即使工作量没有增加，按照现代管理学和经济学理论，时间的增加就是费用的增加，费用的增加也就是投资的增加。

4．相关连带影响

在信息系统建设的过程中，并不会只涉及一家承包方，还有设备供货方、网络供货方、第三方软件商等外部单位。一方面，他们都处在客户或承包方事先制定的计划链条中。这个链条的一个环节发生了问题，必然要影响到整个链条。这种连带影响的严重程度也取决于各种具体情况，不能一概而论。另一方面，在人们的法律意识越来越强的当今社会，法律越来越多地成为一种共同的语言。管理信息系统开发的双方是合同关系，即法律关系，不是亲戚关系。如果双方关系比较融洽，对一些问题比较容易达成谅解，则进度失控的问题对双方之间的关系不会造成多大的影响；否则，索赔、调解、仲裁这类的事情必然会使双方的关系恶化。这是项目"利益相关方"所不希望看到的。

正是基于以上原因，对于项目，尤其是对信息系统项目的工期进行管理是当务之急，应该引起项目责任人的高度重视，采取一系列对策避免项目的延期。

5.4.2　信息系统项目工期管理的技巧

工期是信息系统项目管理的重要目标。工期的提前，进度的加快，依赖于正确的思想和方法。甘特图和网络图等作为进度管理的硬技巧，受到普遍关注。但是，直接影响信息系统项目进度的还有许多软技巧，其中几个重要的因素是：工期要与信息系统项目范围、成本、质量、采购协调；掌握正确的需求调研方法；缩短团队的组建与磨合时间。

由于制定工期计划的工具，主要是甘特图和网络图（包括 CPM/PERT，即关键路径法/计划评审技术），所以很多人一想到工期管理就是绘制甘特图或网络图，而忽视了影响项目工期的其他软技巧，如项目协调、需求调研的方法、团队磨合时间等。

1. 深入了解自己

项目工期计划的编制，看起来似乎是件容易的事，但其实要对项目的各个环节、工作内容与工作量都有深入的了解，是一项很重要的工作。如何将计划编制得既有指导性，又有可操作性，还有合理性，这不是件容易的事。

尽管导致项目延期的原因各不相同：有的是软件功能无法满足企业要求，不停地开发、修改浪费了大量时间；有的是企业内部沟通不力，业务部门的人不配合，项目迟迟无法推进；还有的是项目组主要负责人辞职等。

任熙一边看一边设想："如果宏达的 ERP 项目不能如期完成"，扑面而来的指责、财务压力、大家的疲惫不堪……任熙被自己的设想吓得一阵冷汗。他是个不服输的人，并且从小到大，时间管理就一直是他的强项。任熙决定要叫一次板："90%的 IT 项目都延期，我为什么不能是剩下的 10% 中的一个？只要好好准备，考虑周详，一定能办到。"

任熙说到做到。他的准备工作立刻开始了。任熙全程参与选型，经过多次演示和考察，他认为软件本身没什么问题，比较符合宏达的实际情况，项目不会因为技术问题而出现闪失。为了防止业务部门不配合，任熙拉来宏达公司的一把手——胡总，胡总当着大家的面亮明了态度："谁要是不配合 ERP 项目组的工作，我一定要追究到底。"任熙有了胡总给的尚方宝剑，心里塌实多了。

接下来，任熙又估计了项目每个环节大概耗费的时间，并且打出了一定量的富余。按照估算的结果，任熙拟了一个项目计划实施时间表。"这下，肯定万无一失了。"任熙大大地吐出一口气，轻松了许多。

但计划赶不上变化。让任熙没想到的是，天不遂人愿，项目刚开始，就遇到了很多意想不到的事。首先是数据整理工作量之大远远超出了任熙的估计，非常复杂。而原来的手工账目并不准确，要在短时期内对这么多物料进行盘点，搞清楚"家底"，确实不是一件容易的事。

任熙在实施时间表里，给数据整理留出了两个月的时间。但是，手工账不准确给他出了个大难题：如果仔细核对，至少需要三个月；如果粗略地弄，数据不准确，后续工作根本无法开展下去。就在任熙正要甩开膀子往前赶进度的时候，业务部门的人又添乱子。

任熙这下真着急了，连晚上做梦也是赶进度，拼命跑。可是，着急归着急，他也没有想出什么办法。眼看着项目延期已成定局，任熙不禁感慨万千：到底是哪一步出了差错呢？事先准备不够充分？考虑不周？为什么项目又要"拖"下去呢？

以上案例中，项目计划的编制是由任熙一个人独立完成的。虽然任熙花了很多的精力，也自以为"万无一失"，但其实这计划本身就有其不合理性。作为一名信息技术人员，任熙不可能对各个业务部门的情况都了如指掌，所以他认为简单的事，事实上会有很大的工作量。

一个理想的项目工期计划应该是可以得到随时调整，但是并不影响项目最终的结束时间。因此，任熙作为一名信息部主任，应该充分利用起各个业务部门负责人的经验资源，先由他们各自准备一份自己部门内部的工作计划，然后集中交由信息部，综合评估。对"战线"拉得特别长的工作，可以合理调配人员。比如清点库存物资，原有的仓库人员不够，可以调用一些后勤管理人员。这样的计划编制出来，便会是一个可行的计划——也许手一伸无法够到，但轻轻跳一跳就能达到的计划。

2. 树立综合协调的观念

从本质上讲，项目管理是从全局出发，以项目整体利益最大化为目标，以项目范围、成本、质量等各专项管理的协调、统一为内容，开展的综合性管理过程。因此，开展项目管理就要有项目各要素及各专项管理，进行综合协调的观念。

首先，IT 项目的范围会影响 IT 项目的工期。一般来讲（指假设其他要素不变，下同），项目范围越大，项目所要完成的任务越多，耗时越长；反过来，项目范围越小，项目所要完成的任务越少，耗时越短。因此，如果项目工期很紧，或者工期拖延非常严重，就可以考虑与客户讨论，是否能够将范围进行收缩。如果客户同意缩小范围，那么工期就能得到有效缩短。

同样的，IT 项目的成本、质量也会影响工期。一般来讲，追加成本，可以增加更多的资源，比如设备和人力，从而使某些工作能够并行完成或者加班完成。

如果项目不能按进度完成，可以考虑有些原定任务是否可以外包出去，这是项目采购管理与进度管理的协调内容之一。

显然，在缩减进度时，可以考虑上述各专项管理之间的协调，即砍掉部分任务、降低部分任务的质量、分包部分任务、追加部分任务的成本等。

3. 掌握正确的需求调研方法

很多信息系统项目组一提到需求调研，就马上想到与用户访谈。在项目一开始，就与用户面对面访谈，并不是一种好的需求调研方法。

一般来讲，项目实施方不一定十分了解用户的业务术语，这一点在信息系统项目中尤为普遍。因此，在访谈过程中，用户讲到的一些术语有可能被忽略。只好开始第二次调研，回过头来再询问前面提到的术语。有的项目组可能会重复两三遍。在这种情况下，差旅费、顾问费等调研成本不断增加，项目的调研时间相应拉长，客户的信赖感和配合程度也逐渐降低。正确的方法应该如下所述。

第一，请用户提供能反映用户业务的相关资料和书籍，开始文献调研。在阅读文献的过程中，能够搞清楚对方的一些基本业务术语，并且对用户的业务流程有一个初步认识。

第二，如果需要，请用户带领项目组参观用户现场的业务流程，从而对某些字面上不容易理解的术语和业务环节，树立一种感性认识。

第三，在此基础上，根据文献调查和实地考察中发现的问题，有针对性地列出访谈大纲，与用户进行访谈。这时访谈的效率和访谈的质量都会提高，用户也会因为项目组提到的问题很专业、有针对性，从而产生较强的信赖感。

有的项目组在访谈完成后，就认为得到了用户的真实、完整的需求，于是开始项目设计。事实上，有些信息系统项目比较敏感。因为访谈的结果是要记录的，用户为了回避自己的"风险"，会按照"官方"的口径讲话，这样，需求就可能被扭曲。正确的方法应该是在访谈后，继续进行调查的第四个步骤，即

第四，发放无记名需求调查表。由于是无记名的，一般都能收集到比较真实的需求信息。

第五，由于访谈是单个进行或按部门进行的，每个具体的用户或部门对于自己的业务非常清楚，而对于与其他岗位、其他部门的业务"接口"就不清楚。这时，一定要请用户单位的高层业务主管，作一个全面的业务报告，这个报告应该是总括性的，既能使项目组看到用户业务的全貌，也能看到各部门、各岗位之间的联系或接口。

掌握了正确需求调研方法的项目组，就能很快得到高质量的需求信息，缩短调研时间，使设计和实施的时间比较富裕，从而缩短进度。

4．得到领导的重视，寻找优秀的项目经理

让企业领导真正参与到项目的实施中来，是项目成功的关键。企业高层领导应该参加每次的项目进度会议，倾听项目进展情况的汇报，对影响计划的原因进行分析，采取有效的措施，随时调整，不要让项目进度失控。另外，各业务部门看到一把手这样重视项目，就一定会更加主动地做好自己的工作，这样才能保证项目在规定的工期内顺利完成。

要很好地完成项目，必须要有一个优秀的项目经理，进行科学的项目管理才能够实现项目的目标。如上述案例，我们都非常清楚大型的 ERP 项目本质上是管理项目，而不是技术工程项目，所以项目经理的人选不单要具备专业的技术知识，还要有丰富的管理能力，要有分析并解决问题的能力。项目经理要能够做到：抓住项目实施过程中的一些关键节点，建立完善的问题管理程序，定期举行会议，密切关注项目进展情况，一旦出现问题，应该马上拿出切实可行的措施等。

5．缩短团队组建与磨合时间

任何一个项目组从接受任务到任务完成、团队解散，一般都会经历五个阶段：组建阶段、磨合阶段、正规阶段、表现阶段、解散阶段。

（1）组建阶段（又叫形成阶段）。项目组成员从各个方面抽调而来，每个人在这一阶段都有许多疑问：我们的目标是什么？其他团队成员的技术、人品都怎么样？每个人都急于知道他们能否与其他成员合得来，担心他们在项目中的角色，是否会与他们的个人兴趣及职业发展相一致。这一阶段项目成员的情绪特点主要表现在：激动、希望、怀疑、焦急和犹豫。

（2）磨合阶段（又叫振荡阶段）。项目成员开始着手运用技能执行分配到的任务，开始缓慢推进工作。现实也许会与个人当初的设想不一致。例如，任务比预计的更繁重或更困难，成本或进度计划的限制可能比预计的更紧张。成员们越来越不满意项目经理的指导或命令。在工作过程中，每个成员根据其他成员的情况，对自己的角色及职责产生更多的疑问。振荡阶段的特点是队员有挫折、愤怨或者对立情绪。

（3）正规阶段（又叫规范阶段）。经受了磨合阶段的考验后，项目团队就进入了正规阶段。团队成员之间、团队与项目经理之间的关系已确立好了。项目团队逐渐接受了现有的工作环境，项目规程得以改进和规范化。控制及决策权从项目经理移交给了各活动的负责人，团队的凝聚力开始形成，每个人都觉得自己是团队的一员，也接受其他成员作为团队的一部分。

（4）表现阶段（又叫实干阶段）。这时，项目团队积极工作，急于实现信息系统项目目标。这一阶段的工作绩效很高，团队有集体感和荣誉感，信心十足。项目团队能开放、坦诚、及时地进行沟通。团队相互依赖度高，他们经常合作，并尽力相互帮助。团队能感觉到高度授权，如果出现技术难题，就由适当的成员组成临时攻关小组，解决问题后，再将有关的知识或技巧在团队内部快速共享。随着工作的进展并得到表扬，团队获得满足感，个体成员会意识到为项目工作正在使他们获得职业上的发展。

（5）解散阶段（又叫消亡阶段）。随着所有项目任务的完成，项目团队进入解散阶段，项目团队成员面临着重新分配。

在五个阶段中，解散阶段由于项目任务已经完成，对于项目的影响不大。对于一个项目经理来讲，一定要清楚，真正工作的阶段是正规阶段和表现阶段。因而项目经理的重要职责，就是使项目团队的组建和磨合阶段的耗时尽量缩短。这样，项目团队的正规阶段和表现阶段的历时就会相对变长，在布置任务和执行任务时，就更加从容。

为使项目团队组建阶段的时间缩短，项目经理一定要向团队说明信息系统项目的目标，并设想出项目成功的美好前景，以及成功所产生的好处，公布有关信息系统项目的工作范围、质量标准、预算及进度计划的标准和限制。项目经理要公开讨论项目团队的组成、选择团队成员的原因、成员间的互补能力和专门知识，以及每个人为协助完成项目目标所充当的角色。这样，公开的信息就构成一项重要的激励——信息激励，团队意识就会加快形成。

为使项目团队磨合阶段的时间缩短，在这个阶段，信息系统项目经理要引导所有成员参与到信息系统项目计划的制定、规章制度的制定和任务的分配中来，同时要允许成员表达他们所关注的问题。这样，主动参与对成员来讲就构成一项重要的激励——参与激励，团队成员就会更加容易接受团队的规章制度以及分配到的工作，团队意识就能得到进一步强化。

 **思考题**

1. 工期管理的本质是什么？
2. 工期目标与质量目标、成本目标的关系是什么？
3. 工期管理的方法、工具有哪些？
4. 简述工期控制的重要性。
5. 工期控制的要点是什么？
6. 为什么在项目的工期控制中要树立全局概念和系统的概念？

第 6 章　信息系统项目费用管理

通过本章学习，读者可以：

- 掌握项目资源计划管理对信息系统项目管理的重要性
- 了解项目费用管理的过程
- 了解信息系统项目费用估计的方法
- 掌握信息系统项目的费用预算
- 掌握项目费用控制的方法

　　Chaner 财务银行在一个东南部的城市开了 3 家分行。银行总裁最近任命银行信息技术副总裁雷·科珀负责开发一个个人理财信息系统，来提高银行的服务水平。目的是提高客户获取账户信息的便利性，使个人可以在线申请贷款和信用卡。

　　雷·科珀决定将这一项目分配给雷切尔·史密斯——两个信息技术主任中的一个。因为 Chaner 财务银行目前没有网站，雷和雷切尔一致认为项目应该从现有的网站开始，以便获得对这一领域里最新技术的更好的了解。

　　在他们第 1 次会议结束时，雷要求雷切尔粗略地估算项目在正常速度下需花多长时间，多少成本。由于注意到总裁看上去非常急于启动这个系统，雷还要求雷切尔准备一份尽快启动这个信息系统的时间和成本估算。

　　在第 2 次项目团队会议上，项目团队确定出了与项目相关的 7 项主要任务。第 1 项任务是对现有系统进行分析研究，按正常速度估算完成这项任务需要花 10 天，成本为 15 000 美元。但是，如果使用允许的最多加班量则可以在 7 天，18 750 美元的条件下完成。

　　一旦完成比较任务，就需要向最高管理层提交项目计划和项目定义文件，以便获得批准。项目团队估算完成这项任务按正常速度为 5 天，成本为 3 750 美元，或赶工为 3 天，成本为 4 500 美元。

　　当项目团队从最高层获得批准后，个人理财信息系统设计就可以开始了。项目团队估计网站设计需求 15 天，45 000 美元，如加班则为 10 天，58 500 美元。

　　网站设计完成后，有 3 项任务必须同时进行：（1）开发系统数据库；（2）开发和编写实际网页码；（3）开发和编写网站表格码。估计数据库的开发在不加班时为 10 天和 9 000 美元，加班时可以在 7 天和 11 250 美元的情况下完成。同样，项目团队估算在不加班的情况下，开发和编写网页码需 10 天和 1 500 美元，加班可以减少两天，成本为 19 500 美元。开发表格工作分包给别的公司，需要 7 天，8 400 美元。开发表格的公司没有提供赶工多收费的方案。

　　最后，一旦数据库开发出来，网页和表格编码完毕，整个网站需进行测试、修改。项目团队估算需要 3 天，成本为 4 500 美元。如果加班的话，则可以减少一天，成本为 6 750 美元。

　　在我国，费用管理一直是项目管理的弱项。例如，由于在项目前期，没有深入的调研，不可能准确地估算完成项目活动所需要的资源成本，结果造成资源不足的局面；由于项目的资金来自政府或者股东，项目团队花起钱来并不心疼，更谈不上控制了；更甚者，有些项目根本就不设置项目费用管理职能，没有项目预测，没有分析项目现金流和财务执行情况，从而导致决策失误，大量不必要的资金流失。

　　正如工期计划作为衡量"时间"进展的基准一样，费用计划是衡量成本与财务收益的基准。在工期管理之后，费用管理是项目管理中下一个重要管理内容，没有一个好的工期计划就不可能有一个可靠的费用计划。工期是项目中对外人最可见的方面，而成本费用则是项目内部（团队成员）最容易看到的，有些时候也可能是最想看到的方面。

　　项目费用管理具体包括信息系统项目资源计划、项目费用估算、项目费用预算和项目费用控制四个部分。各部分之间的相互关系如图 6-1 所示。

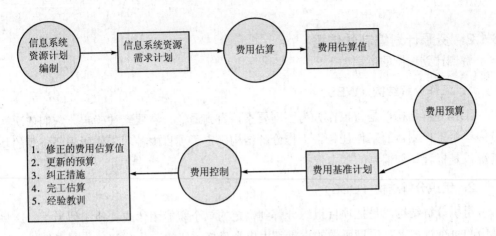

图 6-1　信息系统项目费用管理过程

当然，在项目费用管理的实际执行过程中，资源计划编制，资源需求计划，费用估算，费用预算这些环节是紧紧相连的，特别是小型项目，企业或项目团队可以根据实际情况，把这几个过程视为一个过程处理，从而缩短费用管理时间，减少成本。

6.1　信息系统项目的资源计划

6.1.1　项目资源计划的概念

项目资源计划，是指通过分析和识别项目的资源需求，确定出项目需要投入的资源种类（包括人力、设备、材料、资金等）、项目资源投入的数量和项目资源投入的时间，从而制定出项目资源供应计划的项目成本管理活动。这项计划工作必须同项目成本的评估等项目成本管理活动紧密结合进行，从而制定出合理、科学而且可行的项目资源计划。

图 6-2 对制定资源计划的大致框架做了详细的说明。

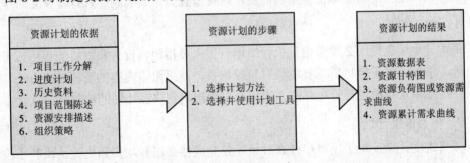

图 6-2　资源计划框架

通过资源计划的结果（资源数据表、资源甘特图、资源负荷图、资源需求曲线、资源累计需求曲线等图表），项目管理者就可以对项目进程中各个阶段需要什么资源，及各资源的需要量有一个清楚的了解，并能提早进行安排，从而保证了项目的进展顺利。

6.1.2　资源计划编制的依据

资源计划编制的依据如下。

1．工作分解结构（WBS）

工作分解结构，是将工作分为不同要素，直到最低一层要素被确定，它们依次被划分为单个工作团体的工作任务。工作分解结构确定了项目中各项工作所需要资源的基本情况，是资源计划编制的基本依据。

2．组织分解结构（OBS）

组织分解结构，是把项目组织分解到确定的单个职能团体或其他团体为止，这些团体中的每个管理者对项目所做的贡献都由单个最低一级的工作分解结构要素构成。组织分解结构和工作分解结构交叉构成了一个成本账目，成本账目是资源计划编制的基础。

3．范围说明

范围说明包括项目的合理性以及项目目标。在制定项目资源需求计划时，必须全面审查计划的资源需求是否能够满足项目的各项工作以及项目全部目标，对疏漏的项目目标应及时补充进去。

4．历史信息

历史信息记录了以前此类项目的资源需求、项目资源计划和项目实施实际消耗资源等方面的有关情况，因此在前后项目存在一定相似性的前提下，历史信息具有借鉴作用，这样既可以提高资源需求计划的准确性，又可以大大减轻编制工作的工作量。

5．资源库描述

资源库描述说明了可用资源的用途、数量以及质量等特征，分析项目资源库现有的这些资源储备是否能满足项目实施的需要，这对于资源计划编制而言有着重要的作用。

6．组织方针

资源计划编制期间必须考虑到执行组织有关人员招聘、设备和材料的租用或者采购等方针。例如，对于项目所需要的原材料等物资，是采用零库存的资源管理办法，还是采用经济批量定购的资源管理办法，这将会直接影响到资源计划的编制。

7．项目进度计划

项目进度计划反映了项目在什么时候需要完成什么任务，实际也就是反映了项目在什么时候需要什么样的资源，它是编制资源计划的重要依据。项目进度计划不仅确定了完成项目的资源需求，而且还确定了各种资源投放项目的具体时间，明确了项目在不同时期的资源需求。因此项目资源计划的制定者可以根据进度计划中非关键活动的时间差来平衡项目在各个时期的资源需求，避免项目在不同时期的需求量大起大落，以提高资源的使用率。

6.1.3　制定资源计划的方法

1．专家判断法

专家判断法是制定项目资源计划最常用的一种方法。这种方法通常是由项目成本管理专家根据以往类似项目的经验和对本项目的判断，经过周密思考，进行合理分析预测，从而制定项目资源计划的方法。进行预测的成本管理专家可以是任何有特殊知识，经过特别培训的个人或组织，主要包括：专家顾问，咨询机构以及民间组织和项目组织中其他成员。

德尔菲法，即邀请经验丰富的专家对项目的资源计划提出方案。这种方法中邀请的专家互不指明，互不见面，他们只根据项目组织者发出的有关项目资料和其他有关专家的反馈意见，对项目的资源需求做出独立判断。这种形式充分消除了专家间不必要的相互影响以及迷信权威，从而对资源需求状况得出更客观的判断。

专家小组判断法，通常要邀请一组具有丰富经验的专家仔细阅读有关资料，并对项目的计划和目标进行深入的研究调查，然后以召开座谈会、讨论会的形式，汇总专家意见，从而制定出资源计划方案。

2．定额法

定额法是指当项目实施所需要的某些资源（包括人力、设备、材料等）是由国家或行业的统一标准定额或者由权威部门制定规则时，应该以这些统一的定额和规则为标准来制定项目资源需求计划。定额法是一种简单易行的编制资源计划的方法，它只需套用这些行业标准和规范。但是，由于生产力的不断发展，这些设定的标准和规则同设备的改良、工艺和劳动生产率的提高使得定额法缺乏实效性。因此，近年来，一些发达国家正在逐渐放弃或改良这种方法，以求编制出更准确、更有效率的资源需求计划。

3．资源均衡法

资源均衡法是指在项目的各个时期投入相应资源的方法。通过这种方法，确定出项目所需各种资源的具体投入时间，并尽可能地均衡使用各种资源来满足项目要求的进度。在资源均衡法中，当原定的项目完工时间不变，项目需要努力减少波动的情况下，可以适当调整资源的需求状况。在项目成本管理领域中，通常有这样一个假设。

因为某种资源使用量的波动幅度较大意味着该资源短缺概率增加；同时某些资源使用还需要有一定固定成本投入，这个固定成本的投入额随着资源投入绝对量的增加而增加，因此在项目实施的各个阶段，比较稳定的资源需求能带来比较低的资源成本。为了减少项目实施过程中使用量的波动，可以对项目非关键活动的总时差或自由时差进行再次分配，以达到平衡资源需求的目的。

4．资料统计法

资料统计法往往参考以往类似项目的历史统计数据资料，计算和确定项目资源需求计划。它要求所采用的历史资料不但要具有可比性，而且要准确详细，具有一定的可操作性。这种方法适用于那些创新性不强、大众化的项目。

5．软件分析法

软件分析法适用于一些比较复杂的信息系统项目，由于这些项目所需要的资源品种繁多，数量巨大，因此单纯的人工计算不仅费时，而且缺乏准确性，因此相应的项目资源管理软件就可以解决这一问题。只需输入相应的信息数据，就能从数据库中得出相应的结果，这样大大提高了资源计划制定的效率和准确度。具体的操作过程：计算机系统与项目部现场成本管理模式相结合形成统一管理平台；各业务部门的业务单据、报表等均在此平台上流转、生成；成本数据信息适时归集、产生，并据此对资源调配提供支持；目的是在保证工期、质量的前提下使项目成本降至最低。

6.2　信息系统项目的费用估算

项目费用估算，是指预估完成项目各工作所需的各类资源（如人力资源、原材料、设备、管理费用、差旅费等）的费用的近似值。项目费用估算是项目计划中的一个重要组成部分。

在理想的状态下，项目费用可根据历史信息完成标准估算，但由于现代经济及其他环境的不确定性，各项目及其计划都具有很大的变动性，如职工工资的变化，原材料的价格变动等，特别是对于信息系统项目而言，其众多影响因素在不同时期具有不同的表现形式。因此，只根据历史信息进行估算是无法得到较准确的结果的，为了提高项目费用估算的可靠性，使项目各类资源得到最佳利用，并保证项目的质量要求和时间进度，人们开发了不少成本估算方法。为了让读者朋友对费用估算有一个系统的了解，首先利用图文的形式对费用估算的过程进行说明。图 6-3 说明了费用估算的内容及步骤。

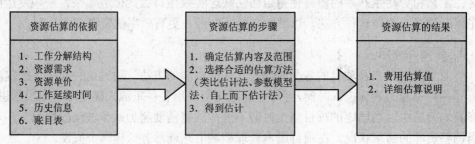

图 6-3　费用估算的内容及步骤

6.2.1　信息系统项目估算所需要考虑的内容

目前，项目的费用估算主要包括人力资源费用、原材料、外包费用、设备租用/购买费用等内容，具体如下。

1．人力资源费用

这部分费用主要包括项目中所需的各类人员的支付费用，如需求分析员、系统架构师、程序员、管理人员等的工资费用。

2．原材料

这部分费用是为完成项目而需要采购的各项原材料的费用，如计算机、服务器、办公用品等。

3．外包费用

当项目团队因技术或时间问题无法完成项目中的部分任务时，可以将此部分任务外包；或是出于经济因素分析由外部单位完成部分子任务，比较经济时也可将任务外包。此时需要给承包单位支持的费用也要考虑在费用估算中。

4．设备租用/购买费用

项目在执行过程中所必须的设备或工具不能由企业本身提供时，应先进行经济性分析。若采取租借方式比购买方式划算，需要估算这些设备或特殊工具的租借费用；而若采取购买方式比较划算时，则需要将设备购买的所有费用计算到项目费用估算中去。

5．差旅费

项目执行过程中如需要出差，则需要有差旅费预算，包括车票/机票、食宿费及出差补贴等。

6．风险准备金

通过风险分析，对项目过程中可能出现的风险进行规避与防范，对于无法避免的风险要采取相应措施尽量将风险减至最低限度。在此基础上，根据风险分析的结果，准备一定量的意外开支，以防风险发生或是一些没有预见的风险发生，从而保证项目的顺利进行。

从本质上说，估算是一种猜测，所以它必然会有一定的不确定性，即使是使用了恰当的工具与技术，并且根据经验判断正确，也只是使这种猜测达到一个比较高的准确度而已，但此时意外事件仍会有 10%左右的发生率，这些意外事件发生的内容包括技术难关、范围变动、资源成本变动或资源不足、项目期限变动等，因此对在估算中预留风险准备金是保障项目得以顺利进行的一种有效手段。

6.2.2 信息系统项目费用估算的主要依据

信息系统项目费用估算的主要依据如下。

1．工作分解结构（WBS）

本书第 4 章——项目范围管理中有详细介绍，此处不再赘述。

2．资源需求计划

资源需求计划即资源计划安排的结果，它包括项目所需的资源种类和数量。实际资源占用量与资源的利用率有关，资源在整个项目中配置越均匀，资源的利用效率就越高，反之，资源实际占用量就越高。

3．资源价格

资源价格即资源需求中每一项资源的单价，如小时工资、单位材料费、单位时间设备租赁费用等。在进行费用估算时，可以通过市场调查或经验分析确定各类资源的价格。当需要在不同的区域对同一资源进行购买时，可以采用平均价格或加权平均价格来确定资源单价。同时在确定资源单价时还需要考虑未来价格的变动情况，以有效地降低项目的市场价格风险。

4．工作的延续时间

在进行费用估算时需要考虑工作的延续时间，即完成工作所需要的持续时间。因为以计时为工资计算方法的人力资源的工资、设备和资金的使用成本都与时间有关。

6.2.3　信息系统项目估算中常用的方法

1．类比估计法

类比估计法是专家判断的一种方法，是将当前的项目与以前的相似项目进行类比，从而估计出当前项目的费用。类比估计法的准确度取决于历史项目与当前项目的相似程度，同时还需要考虑市场环境、时间、地点等多个因素，如同样两个信息系统开发项目，一个已完工，如果项目的功能、模块等均相同，且完工时间与正在开发的这个信息系统项目相近，具体所需要的代码数量也大概近似时，使用类比法准确度会较高；而如果是功能、模块相近但是规模却有巨大差别，如前一个系统是为分公司编制，而后一个却是为总公司开发，则需要考虑因规模的不同而造成的开发时间会较长，所导致的费用差别有时会是比较大的。因此在使用类比方法进行费用估计时，需要对多种因素进行综合考虑，才能保证估计的准确度。

这种方法对估算的人有较高的要求，不仅需要掌握足够的专业知识，还必须有丰富的项目经验，以保证估算的可信度。利用经验进行估算的优势是可以在很短时间内获得大致的成本数据，但由于影响项目成本的因素很多，同类项目在不同时间或不同地点投资额可能会有很大差别，所以，这种估算的误差较大，只能是一种近似的预测。因此，这种方法主要适用于机会研究，作为提出项目时考虑的参考。

2．参数模型法

参数模型法通常是将项目的特征参数作为预测项目费用数学模型的基本参数。模型可能是简单的，也可能是复杂的，无论是费用模型还是模型参数，其形式是各种各样的。如果其模型是依赖于历史信息，且模型参数容易数量化，则它通常是可靠的。

例如，对于软件工程项目，就提供了一系列针对软件项目开发的成本估算方法，其基础就是通过代码行和两个基本参数衡量软件的规模，通过对规模的计量，得到软件的开发成本如下。

源代码程序长度的测度包括总行数（LOC）、无注释的原代码行（NCLOC）、注释的代码行（CLOC），他们之间具有下列数学关系：

$$LOC=NCLOC+CLOC$$

下面给出几个以 KLOC（千代码行）为输入的常用工作量模型，是在对经验数据进行曲线拟合的基础上形成的，其中 E 是以人月表示的工作量。

- Walson-felix 模型：$E=5.2\times KLOC^{0.91}$
- Bliley- basili 模型：$E=5.5+0.73\times KLOC^{1.16}$
- COCOMO 模型：$E=3.2\times KLOC^{1.05}$

在软件工程领域，已经形成了大量计算机软件开发成本的模型，并且随着技术水平的提高，这些模型的拟合参数也在不断的调整。

3. 自上而下估计法

自上而下估计法与类比法有一些类似，都是需要收集以往类似活动的历史数据，并根据上层管理者的经验与判断，估计出项目整体的费用和构成项目的子项目的费用。这些费用估计出来后，传递到下一层，下一层管理者在此基础上对构成项目的任务和子任务再进行估计，并将结果继续传递到下一层，如此反复直至最底层。这种方法的缺点是：由于上层管理者可能对项目的具体情况了解得不是非常透彻，或上层管理者判断失误或考虑不周，从而给出的费用估计不足，而下一层管理者或底层工作者即使发现了问题也不一定敢于向上层提出，只能等待上层自行发现问题，而发现时可能项目已经出现了难以控制的局面，从而导致项目延期或失败。当然这种方法也是有其优点的：一是上中层管理人员丰富的经验可以使他们能够比较准确地把握项目整体的资源需要，使得项目的费用能够控制在有效的水平上；二是由于在过程中总是将一定费用在一系列任务之间进行分配，这就避免了有些任务被过分重视而获得过多的费用，同时由于涉及任务的比较，也不会出现重要的任务被忽视的情况。

4. 自下而上估计法

自下而上估计法，顾名思义就是从最底层进行信息传递。根据 WBS 体系，项目团队成员根据收集的相关数据信息对 WBS 最底层的各项子任务所需资源进行费用估计，由于他们对项目的进度、质量和工作量等有了相当的了解，在进行费用估计时就能得到一个比较精确的结果。将这一结果逐层往上传递，每一上层都对下一级估计结果进行审查并根据经验与判断进行适当调整，并加上适当的间接费用，如管理费用、风险准备金以及最终项目估算中要达到的利润目标等，从而最终得到项目的总费用。

由于是由直接参加项目的人员进行子任务估计，他们对项目的整体情况、项目进度、质量要求、资源需求情况及任务工作量等方面有较详细的了解，因此在进行子任务费用估计时，能够达到较精确的程度，同时，由于预算出自于日后要参与项目实际工作的队员之手，可以避免引起争执和不满。但这一方法的关键在于要保证涉及到的所有任务均要被考虑到。

无论是哪种费用估算方法，都需要考虑经济环境，如通货膨胀、税率、利息率和汇率等的影响，并以此为基准对估算结果进行适当的修正。当费用估算涉及重大的不确定因素时，应设法减小风险，并对余留的风险考虑适当的应急备用金。

6.2.4　信息系统项目费用估算的基本结果

费用估计的基本结果包含两个方面，即项目的费用估算和费用的详细说明。

（1）项目的费用估算。项目的费用估算是用于描述完成项目所需的各种资源的费用，包括劳动力、原材料、库存及各种特殊的费用项，如折扣、费用储备等的影响。费用估算一般以现金单位如元、美元来表示，以便进行项目内外的比较，或者也可以用劳动工时、工日、材料消耗量等单位来表示，当然使用这样的表示方法必须要确保不会产生项目成本费用的混淆，因此在进行费用估算时有时也会采用复合单位，如元/小时等。

费用估算是一个需要不断优化的过程，随着项目的进展，项目的内外部环境发生的变化、对项目了解的清晰度不断加深和项目详细资料的不断获得，根据这些情况需要对费用估算进行相应的修正。

（2）费用详细说明。费用详细说明包括工作估计范围描述、对于估算的基本说明，如费用估计是如何实施的、所作各种假设的说明、指出估计结果的有效范围。

6.3　信息系统项目的费用预算

项目费用预算也称为项目费用计划，是在项目估算的基础上，将估算的项目费用基于 WBS 分配到每一项具体的工作上，作为衡量项目执行情况和控制费用的基准之一。项目费用预算主要以项目费用估计、工作分配结构和项目进度为依据。项目预算的步骤如图 6-4 所示。

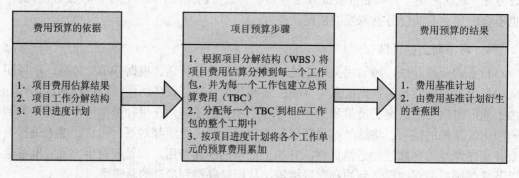

费用预算的依据	项目预算步骤	费用预算的结果
1. 项目费用估算结果 2. 项目工作分解结构 3. 项目进度计划	1. 根据项目分解结构（WBS）将项目费用估算分摊到每一个工作包，并为每一个工作包建立总预算费用（TBC） 2. 分配每一个 TBC 到相应工作包的整个工期中 3. 按项目进度计划将各个工作单元的预算费用累加	1. 费用基准计划 2. 由费用基准计划衍生的香蕉图

图 6-4　项目预算框架

项目费用预算过程包括两个步骤。

第一步：将项目费用估算分配到项目工作分解结构中发生费用的各个工作包；

第二步：将每一个工作包预算分配到工作包的整个工期中，从而实现在任何时间点都能及时地确定预算支出。

6.3.1　信息系统项目总预算费用的分摊

根据 WBS 以及每个工作包需要使用的各项资源和相关资源费用，就可以计算出每个工作需要分配的项目费用。进行项目费用分配时，同样可以采用自上而下和自下而上两种方法，但不论是采用哪些方法，所有工作包的分配预算之和应等于总预算费用。如图 6-5 所示。

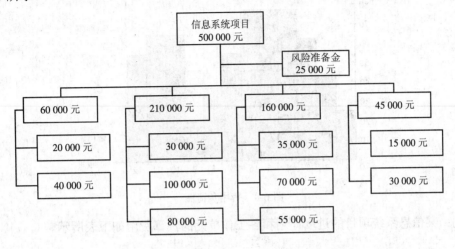

图 6-5　根据 WBS 分摊项目预算费用

6.3.2　信息系统项目费用基线

根据项目工作分解结构图和项目进度计划，将各工作包的预算费用进行累加就能得到费用基准计划。由于将所发生的累计预算费用描绘到坐标图上形成一条 S 形的曲线，所以一般也以 S 形曲线表示项目费用基准计划，并将该 S 曲线称为预算基线，如图 6-6 所示。预算基线描述了项目生命周期中各个时点上项目执行到该点为止时的费用累积，主要用于检查和监控项目费用的执行情况。

而如果将项目中的所有工作均按照最早开始时间执行，或均按照最晚开始时间执行，就可得到两条两端重合的 S 曲线，该图就称为香蕉图，如图 6-7 所示。它给出了项目进度允许调整的范围，即按照项目进度，累计预算费用应发生在两条 S 形曲线围成的香蕉图之中。

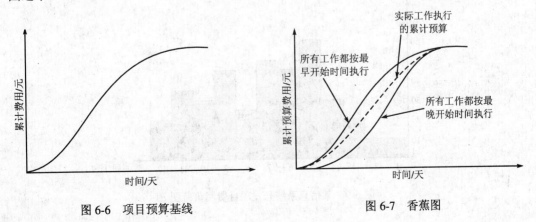

图 6-6　项目预算基线　　　　　　　　图 6-7　香蕉图

　　或者也可以通过费用负荷图将每个单位时间需使用的项目费用表示出来，如图 6-8 所示。

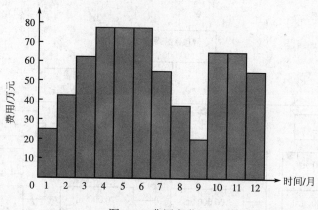

图 6-8　费用负荷图

　　例：某信息系统项目的进度计划和各工作单元的预算费用如下表所示。

表 6-1　某信息系统开发项目预算费用表

工作单元	开始	结束	预算费用/万元	月度预算/万元											
				1	2	3	4	5	6	7	8	9	10	11	12
A	1	3	30	10	10	10									
B	3	5	70			10	30	30							
C	5	7	75					20	25	30					
D	5	9	75					10	20	15	15	15			
E	7	10	50							5	10	20	15		
F	9	11	45								10	15	20		
G	11	12	35											15	20
合计	—	—	380	10	10	20	30	60	45	50	25	45	30	35	20
累计	—	—	—	10	20	40	70	130	175	225	250	295	325	360	380

　　根据表 6-1 做出该信息系统开发项目的费用负荷图及预算基线。

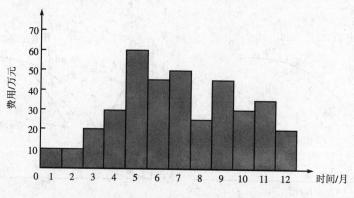

图 6-9　某信息系统开发项目费用负荷图

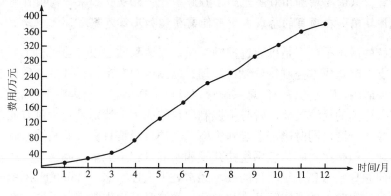

图 6-10 某信息系统开发项目费用预算曲线

通过以上图表，项目管理者可以对整个项目生命周期中费用的消耗有一个清晰的了解，并能对费用的支付情况预先有一个初步的安排：到什么时候需要多少费用，到哪个时间点为止，总共计划支付多少费用。

此外，预算在整个计划和实施过程中起到重要的作用。预算和项目进展中资源的使用相联系，根据预算，管理者可以实时掌握项目的进度。如果预算和项目进度没有联系，管理者就可能会忽视一些危险情况，如费用已经超过了项目进度所对应的预算但没有突破总预算约束的情形。在项目的实施中，应该不断收集和报告有关进度和费用的数据，以及对未来问题和相应费用的预计，从而管理者可以对预算进行控制，必要时进行修正。

6.4 信息系统的项目费用控制

6.4.1 信息系统项目费用控制的原因

首先让我们来看这样一个小案例：江西某国有大型企业原有的管理非常混乱，常常是无据可依，因此为了加强产品原材料采购、生产、销售、库存等方面的控制，领导管理层命令厂内的信息技术部自行开发一套生产管理系统，以此提高管理效率，降低成本。但是由于缺乏有效的项目控制管理，整个信息系统的开发不仅滞后于进度安排，而且成本大大超出预算，使得该项目在成本过高的情况下不得不半路搁浅，停止了自行开发的方式，转而与当地的一家 IT 技术公司合作开发，这不仅增加了成本，而且浪费了时间。

从这个案例中我们可以看出众多信息系统项目在进度方面的跟踪绩效不佳，在成本管理方面也是如此。信息系统项目造价昂贵，并以经常超过预算著称。据斯坦迪什咨询公司的研究表明：信息系统项目的实际成本一般是原始估算成本的 189%，这意味着一个项目开始估算时为 100 000 美元，项目结束时则花费 189 000 美元。1995 年，31% 以上的信息系统项目在完成之前被取消，这些项目花费了美国公司和政府机构 810 多亿美元。

在信息项目早期不花费太多的资金和精力，对整个项目成本有影响。例如，花费资金定义用户需求和进行 IT 信息项目早期测试，比等到项目完成后出现问题再解决在资金利用上更有效。如果在项目的用户需求定义阶段发现一个软件缺陷并纠正了它，对于项目总成本而言，只需要增加 100 美元到 1 000 美元；相反，如果等到项目完成之后再纠正相同的软件缺陷，在项目的总成本中可能需要增加几百万美元。

信息系统的成本控制，是指通过控制手段，在达到预定项目功能和工期要求的同时优化成本开支，将总成本控制在预算（计划）范围内。在市场经济中，项目的成本控制不仅在项目控制中，而且在整个信息系统管理以至于整个企业管理中都有着重要的地位，企业为了获得更高的经济效益，就必须控制项目的成本。特别是当承包方通过投标竞争取得项目，签订合同，同时确定了合同价格，其项目经济目标（盈利性）就完全通过成本控制来实现。但是在实际信息系统的开发和实施过程中成本控制经常被忽视，或由于控制方法等问题导致信息系统项目的成本经常处于失控状态，许多信息系统的项目管理者只有在项目结束时才知道实际开支和盈亏，而这时其损失常常已无法弥补。因此成本控制过程要贯穿于信息系统开发和实施的整个过程，如图 6-11 所示，成本控制需要落实到每一个环节，根据各个环节中成本形成的不同特点进行监督、控制。信息系统设计阶段主要根据目标成本控制设计成本；在信息系统开发阶段应根据定额成本控制项目成本；对于间接费用的控制主要是通过编制切实可行的计划、预算来控制费用支出。

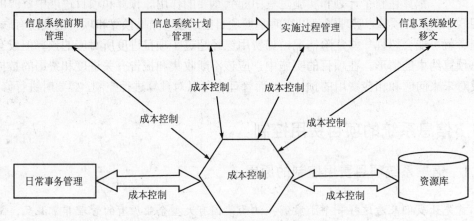

图 6-11　贯穿于整个信息系统项目中的成本控制

6.4.2　有效控制信息系统的项目成本

考察一个信息系统项目，总共是 10 个模块，总预算为 60 万元，项目周期为四个月。按照项目计划，每模块的预算为 6 万元。在第 2 个月末如果实际成本支出为 30 万元，这个数字恰好与项目计划中的预算成本（即累计预算成本）相等，看起来实际成本并没有超过预算。但是，如果项目的开发工作任务没有完成一半，比如只完成了全部项目的 2/5，即四个模块，那么情况就太糟了，因为已经花费了预算成本的一半却只完成了 2/5 的项目任务，既定的成本没有达到既定的工作绩效；另一方面，如果到第 3 个月末时，花费了一半的预算成本而只完成了 3/5 的工作任务，即 3/5 乘以 10 等于 6 个模块，情况又当如何呢？显然，既定的成本已超过了既定的需要完成的工作绩效。

因此对于信息系统项目来说，成本控制的重要性是不言而喻的，要想有效地控制成本，关键在于经常分析成本的工作绩效，尽早地发觉实际成本和预算成本之间的差异，考察成本的工作绩效，以便在情况恶化之前就能够采取纠正措施。成本一旦失控，想要在预算内完成项目是非常困难的。费用控制主要关心的是确定费用线是否改变，影响改变费用线的各种因素以及管理和调整实际的改变。费用控制包括：

（1）监控费用执行情况以确定与计划的偏差；

（2）确使所有发生的变化被准确记录在费用线上；

（3）避免不正确的、不合适的或者无效的变更反映在费用线上；

（4）股东权益改变的各种信息。

如图 6-12 所示的项目费用控制流程，费用控制还应包括寻找费用向正反两方面变化的原因，同时还必须考虑与其他控制过程（范围控制、进度控制、质量控制等）相协调，比如不合适的费用变更可能导致质量、进度方面的问题或者导致不可接受的项目风险。

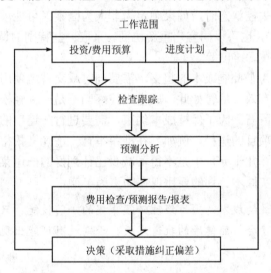

图 6-12　信息系统项目费用控制流程图

那么，应当如何有效进行成本控制呢？

1. 考察工作活动

当信息系统的实际成本超过既定的工作绩效时，只要没有偷工减料，会受到客户和上司的肯定；如果既定的成本没有实现既定的工作绩效，就要集中全力考察在这个信息系统项目中出现成本差异的子项目或工作任务。

对于存在成本差异的子项目或工作任务，为了减少成本开支，需要特别关注两大类工作活动。

（1）考察近期或正在进行的工作活动。不要想象在以后的某一时期，该子项目或工作任务中其他活动成本的降低会自动抵消已出现的成本超支，如果拖到以后的某一时期再采取纠正措施，事情只会越变越糟，超支会进一步加大。马上行动，这会给项目留有充分的调整余地。

（2）考察预算成本较大的工作活动。通常某一工作活动的预算成本越大，可以调整的空间和可能性也越大。因此要对这类活动进行考察，看预算的成本是否存在超支的情况。

2．调整项目计划

有时，通过项目的实施，会发现无论项目团队如何努力，成本如何节约，始终都难以达到项目计划的要求。错误出在什么地方呢？是选错了项目的建设地址？选错了开工日期？还是时运不济呢？这时需要重新检查项目的计划。无论管理者管理经验多么丰富，项目团队如何团结努力，设备如何精良，过于伟大的计划终究是可望不可及的。重新修订项目计划，需要考虑项目的工作范围是否适当，技术性能是否要求过高，预算成本是否过于紧张，项目进度是否合理，这些因素通常相互影响，修正时需要全盘考虑。

3．增加项目预算或降低技术难度

当项目成本处于失控状态时，如果确定为非人为因素（可能项目预算过于紧张，客户要求技术性能太高），也可以同客户重新协商，采取一些特别的调整措施，如适当增加项目预算，降低项目技术难度等。

在很多情况下，为了控制成本的超支，需要同时或交替地使用多种方法，这比单纯地使用一种方法更为有效。尽管如此，成本失控终归不是一件轻松愉快的事情，就像平静的池面投进了一块巨石。为了保持成本约束，需要进行一连串的调整，即便成本得到了控制，也可能影响项目的进程。例如，在准备举行一次晚宴招待客人时，发现用来采购饮料的款项超出预算几十元，于是不得不减少已计划好的一道菜，虽然菜肴最终使客人们赞叹不已，但其实原本计划的要比现在的更为丰盛。

有效控制信息系统的成本是项目经理必须掌握的一门技能，只有成本得到了有效的控制，整个信息项目才会按照健康的轨道发展，否则就有可能出现项目超支的情况，导致资金浪费。

6.4.3　合理运用信息系统项目费用控制的方法

费用控制的基本方法，是规定各部门定期上报其费用报告，再由控制部门对其进行费用审核，以保证各种支出的合法性，然后再将已经发生的费用与预算相比较，分析其是否超支，并采取相应的措施加以弥补。

信息系统项目费用控制的流程如框图 6-13 所示。

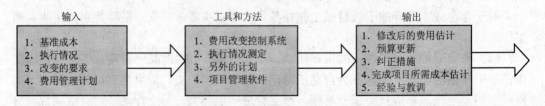

图 6-13　费用控制过程

想要有效地控制项目成本，必须掌握成本的控制方法，以下是一些具体的方法。

1．挣得值方法

挣得值方法是对项目进度和费用进行综合控制的一种有效方法。对于"挣值"这一变量的理解多种多样，其中前美国空军参与"挣值"管理方法研究的 Christensen 博士对"挣值"的定义较具权威性，他的定义是："挣值是专门用来有效地度量和比较已完成作业量和计划要完成作业量的一个变量。"据此，有许多现代项目管理文献又将"挣值"，称为"项目实际完成工作量的预算成本价值（Budget Cost of Work Performed，BCWP）"。通过测量和计算已完成工作的预算费用与已完成工作的实际费用和计划工作的预算费用得到有关计划实施的进度和费用偏差，从而达到判断项目执行的状况。它的独特之处在于以预算和费用来衡量项目的进度。挣得值方法有如下三个基本参数。

（1）计划工作的预算成本（BCWS）。BCWS（Budgeted Cost of Work Scheduled）即计划工作的预算成本仅仅是分段时间预算的另一种说法，可以用它来测量项目和单个成本账目的绩效。它通常是在积累的基础上由每个单独的成本时段来确定，尽管对于一个小的项目它可能仅仅是在积累的基础上确定的。对于任何给定的时间段，计划工作的预算成本在成本账目的层次上是通过将要完成的所有计划工作包的全部预算汇总，然后再加上正在进行的计划工作部分的预算（开口工作包）和那段时期管理费用的预算来确定的。

（2）已实施工作的预算成本（BCWP）。BCWP（Budgeted Cost of Work Performed)即已实施工作的预算成本，它包括在任何给定的期间内所有实际完成工作的预算成本。这可以在积累的基础上由单独的时间段来确定。在成本账目层次上，已实施工作的预算成本是通过把实际完成的工作包的预算汇总，再加上适用于开口工作包已完成的计划工作的预算和管理费用的预算来确定的。

在确定已实施工作的预算成本时，项目遇到的最大困难就是对正在进行的工作进行评估（在报告时间点上那些已经开始但还没有完成的工作包）。像前面所讨论的那样，使用短期的工作包，或者在工作包中建立价值里程碑将会极大减少进展评估中的工作量，并且使用的程序将会在很大程度上随着工作包的时间长短而变化。例如，一些承包方更愿意在开始的时候为一个工作包预算承担 50%的执行工作的预算成本信用，而剩下的50%在它完成的时候才承担。另一些承包方使用近似时间分段的规则，而其他的承包方更愿意对完成的工作做自然的评估来决定应用的挣值预算。对于较长的工作包，许多承包方使用明显的里程碑，用事先建好的预算或者进度值来评估工作执行情况。使用什么样的方法取决于工作包的内容、大小和历时。但是任意规则的使用应该被限制在历时非常短的工作包上。

（3）已实施工作的实际成本（ACWP）。ACWP（Actual Cost of Work Performed）即已实施工作的实际成本，仅仅是指在一个特定的时间段内完成已实施工作实际发生并被记录的成本。这些数据可以在成本账目层次上来收集。尽管更普遍的情况是它们是在工作包层次或单个活动层次上来收集，这取决于活动的规模。

挣得值分析方法的四个评价指标：

（1）成本偏差（CV）。成本偏差=BCWP－ACWP，即已实施工作的预算成本和已实施工作的实际成本之间的差额，用它可以显示已完成的工作成本是超过还是低于该项工作的预算。

成本偏差（BCWP-ACWP）>0，项目成本低于预算。

成本偏差（BCWP-ACWP）=0，项目成本等于预算。

成本偏差（BCWP-ACWP）<0，项目成本超出预算。

（2）进度偏差（SV）。进度偏差=BCWP-BCWS，即已实施工作的预算成本和计划工作的预算成本之间的差额，用它可以显示已完成工作的进度是超过还是落后于计划进度。

进度偏差（BCWP-BCWS）>0，项目的进度超前于计划。

进度偏差（BCWP-BCWS）=0，项目的进度等同于计划。

进度偏差（BCWP-BCWS）<0，项目的进度落后于计划。

（3）成本绩效指数（CPI）。CPI（Cost Performance Index）即成本绩效指数=BCWP/ACWP，一个BCWP为200 000的20 000的成本偏差和BCWP为100 000的20 000成本偏差的重要性是不同的，引入成本绩效指数这个概念就克服了这个问题，利用它很容易发现危险点。

CPI >1，表明项目成本低于预算，运作好于计划。

CPI = 1，表明项目成本按照预算，刚好运作。

CPI < 1，表明项目成本超出预算，运作差于计划。

（4）进度绩效指数（SPI）。SPI（Schedule Performance Index）即进度绩效指数=BCWP/BCWS

SPI >1，表明项目的进度超前于计划，运作好于计划。

SPI=1，表明项目的进度按照计划，刚好运作。

SPI<1，表明项目的进度落后于计划，运作差于计划。

2．根据费用偏差控制费用的方法

有效费用控制的关键是经常及时的发现费用绩效偏差，获知费用偏差后，要集中全力在那些有负费用偏差的任务上，以减少费用或提高工程效率。

根据项目费用偏差减少项目成本应集中在两类工作上。

（1）近期就要进行的工作。打算在以后的进度中减少各工作费用是不现实的。如果拖到项目后期，项目的负费用偏差会更大，并且随着项目的进行，留给采取纠正措施的时间会越来越少。

（2）具有较大的估计费用的工作。采取措施减少一个3万元的工程的5%的成本要比减掉一个总值500元的工作的影响要大的多。

费用控制的偏差有三种：一是实际偏差，即项目的预算成本与实际成本之间的差异；二是计划偏差，即项目的计划成本与预算成本之间的差异；三是目标偏差，即项目的实际成本与计划成本之间的差异。它们的计算公式如下：

$$实际偏差=实际成本-预算成本$$
$$计划偏差=预算成本-计划成本$$
$$目标偏差=实际成本-计划成本$$

费用控制的目的是尽量减少目标偏差。目标偏差越小，说明控制效果越好。由于"目标偏差=实际偏差+计划偏差"，所以要减少项目的目标偏差，只有采取措施减少施工中发生的实际成本偏差。因为计划偏差一经计划制定，一般在执行过程中不再改变。

3. 成本累计曲线法

成本累计曲线又叫做时间—累计成本图。它是反映整个项目或项目中某个相对独立的部分开支状况的图表，可以从成本计划中直接导出，也可利用网络图、条形图等单独建立。通常可以采用三个步骤做出项目的成本累计曲线。

（1）建立直角坐标系，横轴表示项目的周期，纵轴表示项目成本。

（2）按照一定的时间间隔或单元累加各工序在该时间段内的支出。

（3）将各时间段的支出金额逐渐累加，确定各时间段所对应的累计资金支出点。然后，用一条平滑的曲线依次连接各点即可得到成本累计曲线。在确定各时间段的对应点时，横坐标为该时间段的中点，即该时间段的起始时间+（结束时间−起始时间)/2。

在一个信息系统开发项目中，如图 6-14 所示，在项目进行到第五阶段时，我们假设预计值、实际值和挣值三个要素分别为 72 万元、80 万元和 67 万元，如果这个项目的总预算是 200 万，总工期是 50 周，这个数据可以产生以下控制信息来指导管理者的决策。

偏差：67−80=−13 万元

即：这个项目超预算 13 万元。

绩效：67 万/80 万=0.838

即：这个项目每花 1 元其实只得到了 0.838 元，也就是成本绩效是计划绩效的 83.8%。

预计最终成本：200 万/0.882=225.2 万元

即：如果在执行上没有什么变化的话，项目总成本将是 238.7 万元。

下面我们借助曲线进行分析：

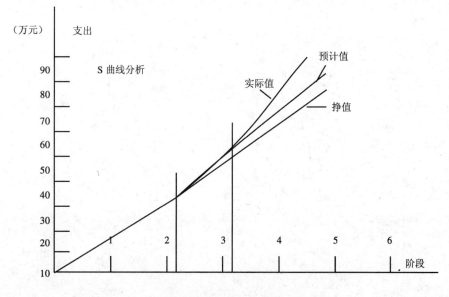

图 6-14　S 曲线分析图

通过对 S 曲线图中预算值、实际值和挣值的分析，我们可以得出更多的信息，特别是趋势方面的信息。从图中来看，这些曲线显示了直至第二阶段早期，项目成本与进度都一直是按计划进行的。但从第二阶段早期开始，项目就一直超支，工作进度也落后于计划进度。这就要分析项目实施过程中导致费用超支和进度落后的因素，并采取一定的补救措施，如加强项目小组成员间的沟通与协调，提高工作效率，降低管理费用，适当加班等措施。

　　对项目进行控制，必须要学会选择成本控制的方法，分清每种方法的特点以及如何运用这些方法，才能有效控制项目的成本。

思考题

1. 简述项目资源计划管理对信息系统项目管理的重要性。
2. 项目费用估算与预算的关系是什么？
3. 资源计划管理的方法有哪些？
4. 费用预算有哪些表现形式？
5. 挣值法的优点在哪里？

第 7 章　信息系统项目质量管理

通过本章学习，读者可以：

- 了解关于质量的观点。
- 了解信息系统项目质量管理过程。
- 掌握信息系统项目的质量保证体系的内容。
- 掌握信息系统项目的质量控制方法。
- 掌握信息系统项目的质量控制过程及方法。

　　一家大型食品销售公司雇佣了一家著名咨询公司的资深顾问莱曼来帮助解决公司新开发的行政信息系统（DIS）存在的质量问题。DIS 是由公司内部程序员、分析员以及公司的几位行政官员共同开发的。许多年以前从未使用过计算机的行政管理人员就被 DIS 所吸引。DIS 能够使他们便捷地跟踪按照不同产品、国家、商场和销售代理商分类的各种食品的销售情况。这个系统非常便于用户使用。DIS 系统在几个行政部门获得成功测试后，公司决定把 DIS 系统推广应用到公司的各个管理层。

　　不幸的是，在经过几个月的运行之后，新的 DIS 产生了诸多质量问题。人们抱怨不能进入系统。这个系统一个月出现几次故障，据说响应速度也在变慢。用户在几秒钟之内得不到所需信息，就开始抱怨。有几个人总忘记如何输入指令进入系统，因而增加了向咨询台打电话求助的次数。有人抱怨系统中有些报告输出的信息不一致。DIS 的行政负责人希望这些问题能够获得快速准确地解决，所以他决定从公司外部雇佣一名质量专家。据他所知，这位专家有类似项目的经验。莱曼的工作将是领导由来自食品销售公司和他的咨询公司的人员共同组成的工作小组，识别并解决 DIS 中存在的质量问题，编制一项计划以防止未来信息系统项目发生质量问题。

7.1　信息系统项目质量管理概述

　　如果要提高信息系统项目的质量，首先就需要定义质量和测量质量。然而，在质量工程和管理中，一个主要问题就是质量这个词是模棱两可的，以至于常常被错误地理解。产生这种概念混淆的原因主要有如下几个。第一，质量不是一个单一的概念，而是一个多维的概念。质量包括了问题中的实体、对实体的看法以及实体的质量特性。第二，对于任何概念来说，都具有几个抽象的层次。当人们说到质量时，一方面可能指广义的质量，另一方面可能指狭义的质量。第三，质量是我们日常用语的一部分，它的常规用法和专业用法也许存在着不同之处。

7.1.1　对质量的不同理解

1. 常规观点

　　通常我们认为质量是一个无形的特性——可以对其进行讨论、感知和判断，但不能进行测量。有些术语，如"好的质量"、"坏的质量"、"生活质量"都说明了人们如何谈论一些模糊的概念，而并不想对这些概念进行定义。这种现象表明了人们使用不同的方式来观察和解释质量。这意味着不能对质量进行控制和管理，同时也不能将其定量化。这个观点同质量工程领域对质量的专业看法形成了鲜明的对比，专业领域认为可以且应该对质量进行实际的定义、度量、监控、管理和改进。

2. 专业观点

　　质量的常见看法通常很模糊并且将导致错误的理解，因此不能有助于工业领域中质量的提高。对于工业领域来说，质量必须有一个可行的定义。许多质量专家都认可"与要求的一致性"、"良好的实用性"等此类说法描述了质量的本质。

"与要求的一致性"意味着要求必须清楚地表明到不能被误解的程度。然后，在开发和生产过程中，进行定期的测量来确保与这些要求的一致性。与要求不一致则被认为是缺陷——缺乏质量。

例如，某种收音机的一个要求是必须可以接收到 60 公里以外广播源的某些频率。假如收音机不能实现这一点，就说明它没有达到质量的要求，应拒绝使用。或者，如果劳斯莱斯汽车符合了人们对该品牌的所有要求，这就是质量好的汽车。如果奔驰汽车达到了品牌的要求，它同样也是质量好的汽车。这两个品牌的汽车也许在款式、性能和价格上有所不同，但都达到了各自的要求，所以都是质量好的汽车。

"良好的实用性"定义考虑了客户的要求和期望，它涉及产品或服务是否适合他们的用途。因为不同的客户也许会按照不同的方式使用产品，所以产品需要具有多种实用的因素。每种因素都是一个质量特性，这些特性可以归为一些类别，并作为实用性的参数。最重要的两种参数是设计质量和一致性的质量。表示设计质量的通常术语是等级或模型，这与购买力的分布有关。各个等级之间的不同是设计差异导致的结果。再次考虑汽车的例子，所有的汽车都为客户提供了交通功能，然而不同型号的汽车在大小、舒适度、性能、样式、价格和状态方面都有所不同。另外，一致性的质量是产品符合设计目的的程度。也就是说，设计质量决定要求，一致性的质量是这些要求的一致性程度。

因此，这两个质量的定义（对需求的一致性和良好的实用性）在本质上是类似的。不同的是实用性更加注重客户的需求和期望。所以，专家们又明确地在质量的定义中提出这样一个概念：与客户需求的一致性。

7.1.2　信息系统项目质量概念

在信息系统项目中，产品质量的最狭义定义通常被认为是产品无"故障"。这也是与需求一致的最基本含义，因为如果信息系统有太多的功能缺陷，就不能满足提供期望功能的基本要求。这个定义通常用两种方式表示：缺陷率（如每百万行代码的缺陷数，每个功能点的缺陷数；或是其他单位）和可靠性（如每 n 小时操作的故障数，平均失效时间或特定时间内无故障操作的概率）。客户满意度通常利用客户满意度调查的满意百分比和不满意百分比（包括中立的）来测量。

为了提高综合客户满意度以及对不同质量特性的满意度，必须考虑在计划和设计产品时的不同质量特性。然而，这些质量特性并不总是相互一致的。例如，信息系统的功能复杂度越高，就越难取得可维护性。根据不同的信息系统和客户，对不同的质量特性需要不同的加权因子。对复杂网络和实时处理的大型客户，性能和可靠性也许是最重要的因素。对于使用单系统和简单操作的客户，易于使用、可安装性以及说明文档可能更加重要。图 7-1 显示了一些信息系统质量特性之间可能的关系。一些关系相互支持，另一些互相有负面影响，还有一些则不是很明确，这取决于客户和应用的类型。因此，对于客户种类较多的信息系统，很难设立不同质量特性的目标，从而满足客户的需求。

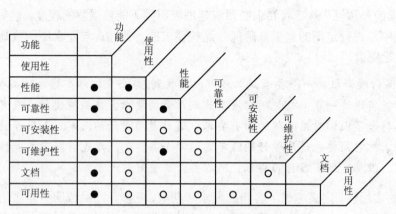

●冲突的 ○支持的 空白=不适用

图 7-1 信息系统特性之间的相互关系

从这些讨论来看，质量的新定义（如对客户需求的一致性）与软件工业有着重要的关系。需求错误构成了信息系统开发中的一个主要问题。

Jones（1992）曾经提出，所有软件缺陷中有15%是需求错误。如果开发过程不重视需求质量，那么肯定不能生产出质量好的产品。

信息系统项目质量的另一个观点是过程质量与终端产品质量。从客户的需求到产品的发布，开发过程是很复杂的，通常涉及很多阶段，每个阶段都有反馈途径。每一个阶段都为中间客户（即下一个阶段）产生中间产品。每一个阶段也从前一个阶段接收一个中间产品。每一个中间产品都有一定的质量特性，并影响着终端产品的质量特性和质量。因此，对信息系统项目质量的管理必须是全方位的。

7.1.3 信息系统项目质量管理过程

信息系统项目的质量管理主要包括 3 个过程：质量计划、质量保证和质量控制，它们之间关系如图 7-2 所示。

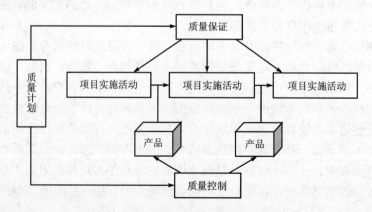

图 7-2 信息系统项目质量管理过程图

7.2 信息系统项目质量计划的编制

计划是任何项目施行的基础，信息系统项目质量计划的内容不仅全面反映了用户的要求，为质量小组成员有效工作提供了指南，也为项目小组成员以及项目相关人员了解在项目进行中如何实施质量保证和控制提供依据，同时为确保项目质量得到保障提供坚实的基础。

7.2.1 制定信息系统项目质量目标的计划

1. 什么是信息系统项目的质量目标

如果将目标视为射击瞄准时的靶子，应用于信息系统项目的质量方面，质量目标就是一个射击瞄准的质量靶子。一般来说，质量目标可分为战略质量目标和战术质量目标。战略质量目标即为项目质量的总目标，表达了项目拟达到的总体质量水平。而战术质量目标则是项目质量的具体目标，一般包括项目的性能目标、可靠性目标、安全性目标、经济性目标、时间性目标等。

例如，某个信息系统开发小组在为一家零售超市设计管理信息系统时，这个项目的战略质量目标就是系统能够 100%地正确处理超市的日常营业活动，而该项目的战术质量目标可从系统的安全性、系统发生故障的概率、系统处理事务的时间等方面来制定。

2. 质量目标计划的九大要素

不同的信息系统项目，其质量目标计划的内容肯定有所区别，但通常来说，信息系统项目的质量目标计划包括以下九大要素。

（1）质量方针。质量目标应建立在质量方针的基础上。项目的战略性质量目标一般是从质量方针直接引出的，其他质量目标仍然必须遵循质量方针所规定的原则，不得有违背或相抵触的状况。

（2）层次质量目标。层次质量目标包括两方面：一是层状上的上一级，例如，项目的战略性目标或项目的总目标就是项目最高层次的目标；二是时间上的上一级，例如，年度质量目标就是月度质量目标的上一级目标。下一级质量目标必须为上一级质量目标的完成提供保证。上一级质量目标的措施有可能就是下一级质量目标。

（3）项目的功能性要求。每一个项目都有其特定的功能，在进行项目质量目标策划时，必须考虑其功能，满足项目的适用性要求。

（4）项目的外部条件。项目的外部条件使项目的质量目标受到了制约，项目的质量目标应与其外部条件相适应。所以，在确定项目的质量目标时，应充分掌握项目外部条件。例如，分布式的信息系统必须依托于强大的硬件和软件平台，一旦脱离了平台，将无法保证系统的安全运行。

（5）市场因素。市场因素是项目的一种"隐含需要"，是社会或用户对项目的一种期望。所以，进行项目质量目标策划时，应通过市场调查，探索、研究这种需要，并将其纳入质量目标之中。

（6）质量成本。项目的质量是无止境的，要提高项目质量，必然会增加项目成本。所以，项目所追求的质量不是最高，而是最佳，既能满足项目的功能要求和社会或用户的期望，又不至于造成成本的不合理增加。进行项目质量目标策划时，应综合考虑项目质量和成本之间的关系，合理确定项目的质量目标。

（7）潜在问题点。所谓问题点，是指为实现质量方针和质量目标所必须解决的重要问题，包括不合格、缺陷、不足、与先进水平的差距等。也就是说，未能满足质量目标要求或有碍于质量目标实现的资源、过程、产品、程序等都可能成为问题点。

（8）现状或未来需求。项目现状是实现质量目标的基础。实现质量目标可以改变现状，但需要时间和资源。对项目现状的把握，可以使质量目标确定得更加合理，但同时需要考虑未来的需求。

（9）项目相关者的满意度。质量目标的策划应充分考虑项目相关方的利益，尽量提高项目相关方的满意度。

7.2.2　信息系统项目开发过程中的质量计划

相信读者经过对 7.2.1 节的阅读后，脑中可能已经建立了一个整体的信息系统项目质量目标计划的概念，但具体地落到实处，如何制定信息系统项目开发过程中的质量计划呢？这里需要引入开发过程模型这个概念来帮助读者解决这个问题。

1．开发过程模型的分类

从杂乱无章地开发信息系统到建立成熟的信息系统开发体系，其重要的步骤就是引入和使用了开发过程模型。开发过程模型在清晰地考虑了系统过程的同时，最重要的是考虑了时间因素和开发过程的内部结构。利用开发过程模型可将信息系统项目的开发过程分为连续的相关的各阶段，并确定了每个阶段的活动和成果。一般来说，开发过程模型包括顺序模型、循环模型（也称瀑布模型）、V-模型、视点模型和螺旋模型。

（1）顺序模型。在顺序模型中，阶段是按照时间顺序安排的，在每个阶段中规定了活动、中间成果和最终成果。每个阶段按照其中最重要的活动来命名，如分析、规范、设计、编程和测试等。通常由谁来执行哪项活动或各阶段的最终成果是怎样连接，以及怎样执行多阶段的测量等是没有规律的。

（2）瀑布模型。瀑布模型改善了单纯的顺序模型（如图 7-3 所示），它说明了信息系统开发过程中的各主要中间产品之间的相互依赖关系。例如，功能规范的质量依赖于用户需求定义文档的质量，需求分析的用户来开发功能规范，也规定和分析了信息系统开发中各阶段所包括的开发活动和质量保证活动。它能够改善每个早期开发阶段的成果。因为早期成果可以重复执行，所以此改善过程是迭代的。其结果是计划中的某些活动永远不能完全结束，而只有当所有阶段的活动结束时，才能达到

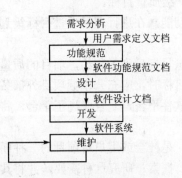

图 7-3　瀑布开发过程模型

最后的目标。

（3）V-模型。V-模型在质量保证方面的特殊意义是，将模块化的系统设计等建设性的质量保证措施和测试活动（如测试模块接口的一致性等）分开，它既强调了客户与供应方之间的关系，也强调了信息系统开发过程中的测试阶段。这个模型要求对测试活动进行确认和验证，将实施各种建设性质量保证措施的各阶段与各自对应的测试活动的各阶段匹配起来。这种阶段的布局可以用一个"V"字来表示。左边的轴代表建设性质量保证的活动，右边的轴是相应的测试活动。

图 7-4 表示了一个 V-模型的实例。其中发现错误的最简单的办法是用抽象的方法分析产生错误的地方。在系统开发时，从 V-模型的左轴所代表的任务的位置开始处理直到编码部分，然后从通过集成或组合及测试的编码，再返回到 V-模型中右轴所代表的解决问题的位置。可以明显地在 V 形的右侧某位置找到与其对称的左侧阶段产生的错误。

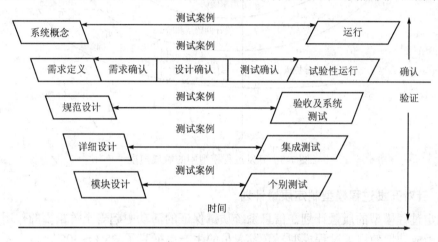

图 7-4　开发过程模型中的 V-模型

（4）视点模型。参加开发过程的人员包括：项目经理、用户、分析者、编程人员和质量保证人员。他们分别参加不同的组，每组以不同的视点来执行活动，这就是为什么他们处理系统和每个开发成果时采用的方式不同。不同的视点包括：用户的视点、开发者的视点和项目经理的视点等。

在视点模型中，我们将活动、开发成果和视点区别开来，产生一个状态矩阵。它有助于更好地选择完成具体活动的项目工作人员，还可以更有效地提供培训和进一步教育。

（5）螺旋模型。螺旋模型考虑到在开发过程中风险控制的重要性，是一个考虑了风险因素的自建立的过程模型，如图 7-5 所示。

图中弧的半径表示到某一固定时间点的累积成本，角度代表每个阶段的进展，信息系统开发以一种展开的方式形成产品的各阶段，螺旋的每个周期开始于开发目标的确定，该目标是正在此周期开发的产品的阶段目标。此外，还给出了产品各阶段执行结果的可能方案的变化和影响该方案的限制条件，如根据成本划分时间、计划及接口等。接着是评价所选择的限制条件和目标，以此确定项目风险的不可靠性和根源。然后通过比较成本进行的风险分析，更仔细地验证所采用的技术，可以使用原型、仿真、访问用户和标准检验程序等方式进行。

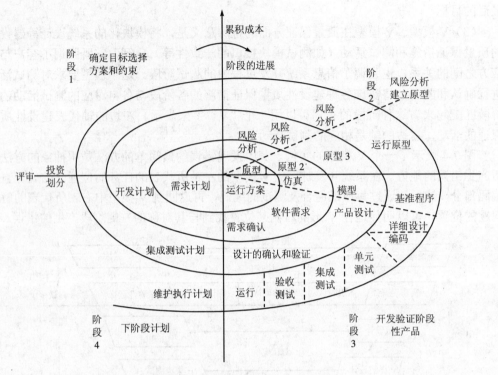

图 7-5　开发过程模型中的螺旋模型

2.　针对开发过程模型制定质量计划

制定过程模型的质量计划在信息系统质量保证的活动中起着至关重要的作用。据统计，由于成功地使用了过程模型，开发人员的生产率提高了 25%～30%，信息系统质量管理工作因此得到了很大程度的改善。项目经理和开发人员认为，过程模型的优点在于：

（1）采用过程模型可以使开发过程和成果达到标准化和一致性；

（2）可以提高工作人员的独立性；

（3）提供了解决复杂开发任务的一整套指导和辅助方法；

（4）形成了有效的制定项目计划和管理的基础。

然而，过程模型对于信息系统项目的规模、复杂性和限制条件提出了许多特殊需求，已有的和新建的过程模型必须要逐步地适应和改善。经常可以发现，实际项目中的过程并不符合在过程模型中规定的过程，这对于完成项目计划和项目控制是很危险的，它会延误项目或无法实现目标，甚至使已经应用的过程模型失效。

目前，最常用的是瀑布模型。通常，瀑布模型作为使用面向原型的过程的补充。对于极具风险的项目，螺旋模型是比较合适的。它提供了一种成功的集成技术的方式，如在过程运行中采用的原型技术。近年来，过程模型在计算机界已经被广泛接受，并作为所有改善质量措施的基础。

由于开发过程模型较多，在实际制定开发过程模型的质量计划时，需要根据项目要求及特点有针对性地规划。例如，顺序开发过程模型下的质量计划的制定较为简单，主要针对每个阶段的活动环节制定质量计划。在系统分析时，质量计划可从需求调查表入手来制定严格的审查要求，以此逐步拓展到需求分析中的每一个环节。对于 V 模型来说，在实际项目中，需要重点制定测试计划，测试的案例一般选定在模块设计阶段，然后重点针对个别测试阶段执行测试以便找出错误。因为错误在系统中存在的时间愈长，改正错误的费用愈昂贵。这个时间间隔可以通过对每个阶段结束时的个别测试来缩短。

7.2.3　制定信息系统项目质量计划的方法

1. 质量功能展开技术

质量功能展开技术（QFD），于 20 世纪 70 年代首创于日本，是一种将用户或市场的要求转化为设计要求、零部件特性、工艺要求、生产要求的多层次演绎的分析方法。它采用比较清晰的图表，将顾客的需求和期望的复杂关系系统地表达出来，并进行综合权衡分析，以提供选定方案的决策依据。

在信息系统项目质量策划过程中，QFD 的基本环节如下。

（1）需求与期望语言信息变换。顾客需求和期望的语言信息往往是杂乱无章、不规范的。所以在进行质量功能展开时，首先应将这些信息提炼成一种能代表这些信息的语言，即将需求和期望信息转换为简单语言情报，这些情报即为项目要求。

（2）项目要求信息变换。项目要求与需求质量是相对应的，一个项目要求可能对应若干需求质量。因此，需要通过分析、研究，以确定与项目要求对应的需求质量。

（3）需求质量聚类。项目要求信息变换的需求质量之间有些存在着区别，但有些存在着内在联系。这就要采用一定的方法将其进行聚类，以形成一个清晰的质量改进范围。聚类的方法可选择两种：KJ 聚类和模糊聚类。这里就不进行详述了，请参考相关书籍。

（4）需求质量重要度的确定。需求质量重要度是项目质量策划中用于判断决策的一个重要的数量指标，需求质量重要度的确定应充分体现以顾客为关注焦点的原则，即通过调查获取客观信息，以需求方的立场作为评价的重要依据。在这个阶段中，一般采用传统方法和模糊评价法来确定需求质量的重要度。

（5）质量要素的抽取。质量要素分为两种类型：可测试的质量要素和不可测试的质量要素。质量要素的抽取应组织技术、管理、项目实施、设计等有关方面的人员参加，并考虑具体的项目质量标准、实施状况等因素进行综合分析。表 7-1 显示了某个信息系统的质量要素需求情况。

表 7-1　质量要素展开表

一级质量要素	二级质量要素	三级质量要素
平台要求	Windows	是否具有系统库文件支持
	Unix	是否具有系统库文件支持
性能要求	稳定性	系统停机的次数
	服务效率	系统响应时间
	资源占用	内存占用率
用户要求	界面友好	提供用户界面接口
	可扩展性	提供二次开发接口

2．流程图

流程图是由若干因素和箭线相连的因素关系图组成的，主要用于质量管理运行过程计划。流程图包括系统流程图和原因结果图两种主要类型。

系统流程图：该图主要用于说明项目系统各类要素之间存在的相关关系。利用系统流程图可以明确质量管理过程中各项活动、各环节之间的关系。

原因结果图：主要用于分析和说明各种因素和原因如何导致或产生各种潜在的问题和后果，如图7-6所示，图中的加号"＋"表示增强的概念，如高的人员素质可以提高工作质量。

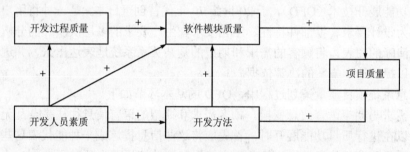

图7-6　原因结果图

流程图的编制一般应遵循一定的程序，当然，不同类型流程图的编制程序并不完全相同，应根据具体情况而定，以下是两种不同类型流程图的绘制程序。

（1）描述某一过程的流程图的绘制程序。

① 确定该过程的开始和结束；

② 观察从开始到结束的整个过程；

③ 确定该过程的步骤；

④ 绘制表示该过程的流程图草案；

⑤ 评审该流程图草案；

⑥ 对比实际过程验证该流程图。

（2）设计一个新过程的流程图的绘制程序。

① 确定过程的开始和结束；

② 将过程中的步骤具体化；

③ 确定该过程的步骤；

④ 绘制该过程的流程图草案；

⑤ 评审流程图草案；

⑥ 根据评审结果改进流程图草案。

3．质量成本分析技术

质量成本，是指为保证和提高项目质量而支出的一切费用，以及因未得到既定质量水平而造成的一切损失之和。项目质量与其成本密切相关，既相互统一，又相互矛盾，所以，在确定项目质量目标、质量管理流程和所需资源等质量策划过程中，必须进行质量成本分析，以使项目质量与成本达到高度统一和最佳配合。

质量成本分析，就是要研究项目质量成本的构成和项目质量与成本之间的关系，进行质量成本的预测与计划。

什么是质量成本？美国质量管理专家朱兰将质量成本定义为："为保证和提高产品质量而支付的一切费用，以及因未得到既定质量水平而造成的一切损失之和。"在 ISO 8402：1994 中，质量成本的定义是："为确保和保证满意的质量而发生的费用以及没有得到满意的质量所造成的损失。"

可见，质量成本的核心问题总是和不满意的质量或质量不良、劣等质量、防止产生不合格品或已出现了不合格品所发生的费用和损失联系在一起的。一般来说，不合格的产品往往都是没有获得满意质量的产品，而合格产品不一定都是满意的产品。所以，ISO 8402 关于质量成本的定义更具有概况性，含义更广。

根据上述定义，可以说项目质量成本就是为保证用户得到满意的项目质量而发生的费用及未得到满意的质量所造成的损失，而并非所有与项目质量有关的成本。

4．优胜基准法

优胜基准，也称为标杆管理（Benchmarking）或水准测评，就是对产生最佳绩效的最优的经营管理实践的探索，也就是以领先组织为标准或参照，通过资料收集、分析、比较、跟踪学习等一系列的规范化的程序，改进绩效，赶上并超过竞争对手，成为市场中的领先者。将标杆管理的方法用于项目质量策划，就是以同类优秀项目为标准或参照，对其进行分析、比较、跟踪学习，不断改进本项目质量，力求超过同类优秀项目，使本项目质量为同类最优。这是一种提高项目质量、降低项目成本、改善项目绩效的方法，它是一种学习的方法。在项目质量策划中，实施这一方法的主要环节包括如下 4 点。

（1）了解信息、收集资料。为了树立学习的标杆，首先需要找到它，并对其有一个基本认识。本环节的目的就在于此。

（2）分析信息、资料。对了解的信息、收集的资料要进行分析、研究以确定问题的关键点。

（3）找差距。将本项目与标杆相比较，以确定存在的差距。

（4）策划对策。根据所存在的差距，策划相应的对策。对策包括提高项目质量水平、改善项目特征、完善质量管理措施等。

7.3　信息系统项目的质量保证

7.3.1　制定项目质量保证计划

现代质量管理的基本宗旨是："质量出自计划，而非出自检查"。只有做出精准适用的质量保证计划，才能有效实施质量保证活动，指导项目做好质量管理。

制定质量保证计划也是质量保证小组进入项目组最主要的途径。在信息系统项目的初期阶段，质量保证小组与信息系统项目组一起工作，参与制定和评审信息系统开发计划、项目标准和规程，保证它们适合项目需要。质量保证小组以信息系统开发计划、信息系统配置管理计划等为参考，制定质量保证计划，明确定义项目各阶段的阶段准则，标识出要审计的信息系统产品和要评审的项目活动，以及质量保证活动的输出。

质量保证计划一般应包含以下内容：项目的质量目标；各个阶段的开始和结束准则；详细说明要进行的质量保证活动和时间点；质量保证小组职责、权限和资源需求，包括人员、工具和设施；审计时所依据的项目标准和检查表，评审项目活动所依据的过程；应生成的质量保证小组记录和文档等。

质量保证计划制定完成后应提交项目组评审，以保证其内容完整合理，并与信息系统开发计划、信息系统配置管理计划、信息系统测试计划等协调一致。评审后的质量保证计划与上述各计划一起纳入配置管理。

项目进行中，质量保证小组根据质量保证计划实施质量保证活动。如果项目开发计划的变更影响到信息系统质量保证计划，则应该更新质量保证计划，并将变更通知到相关的人和小组。

对于信息系统开发项目，在进行系统开发前，需要制定一个《信息系统质量保证计划》。目前较常用的是 ANSI/IEEE STOL 730-1984，983-1986 标准，包括以下内容。

1. 计划目的
2. 参考文献
3. 管理
　　　3.1 组织
　　　3.2 任务
　　　3.3 责任
4. 文档
　　　4.1 目的
　　　4.2 要求的软件工程文档
　　　4.3 其他文档
5. 标准和约定
　　　5.1 目的
　　　5.2 约定
6. 评审和审计
　　　6.1 目的
　　　6.2 评审要求
　　　　　6.2.1 软件需求的评审
　　　　　6.2.2 设计评审
　　　　　6.2.3 软件验证和确认评审
　　　　　6.2.4 功能评审
　　　　　6.2.5 物理评审
　　　　　6.2.6 内部过程评审
　　　　　6.2.7 管理评审
7. 测试

8．问题报告和改正活动

9．工具、技术和方法

10．媒体控制

11．供应者控制

12．记录、收集、维护和保密

13．培训

14．风险管理

有了项目质量管理计划，质量管理就有了依据。质量管理计划为项目的总体计划提供输入，保证了项目质量控制、质量保证和产品质量的提高。项目质量计划是质量控制及其他过程的依据。

7.3.2　有效地开展质量保证活动

1．质量改进

质量保证活动可以被简单地比喻为质量计划的落实。质量保证为项目满足所有利益相关方的要求提供了信心。这一信心是通过以下两点来提供的：

（1）被认可的项目和产品应当遵循的实施过程、规范和标准；

（2）这一过程、规范和标准的遵循是被客观确认的。

前者是通过被批准确认的《质量计划》来实施的；后者则是通过质量审计活动来进行的。

质量审计：为了确保项目遵循所约定的实施过程、规范和标准，在项目生命周期的几个关键点上进行相应的检查。一般来说，该检查更多的是进行过程符合度的检查。质量审计大多是由独立的质量保证人员（QA）来实施的，可以由内部，也可以由外部人员来进行。审计中所有发现的不符合要求的项目都会被记录下来，项目经理应该在后续工作中尽快纠正这些不符合要求的项目。

既然质量保证是强调通过严格遵守被确认的规范和过程来实现质量目标的，那就是说——"过程"是质量被保证的关键性因素。实际上这一结论就导致：过程质量决定了产品质量。我们从直接关注产品质量，转移到关注过程质量，并且通过过程质量推导出产品质量。这也意味着：我们可以通过改善过程来逐步提高产品的质量。这一活动就被称为"质量改进"。

质量改进：就是不断提高项目或产品质量的活动。

它既可作用于本项目，也可以应用于组织的其他项目。下面是一个一般性的质量改进活动过程，如图 7-7 所示。

质量改进的第一个活动：确定目标。任何质量改进活动都始于一个明确的目标，这个目标往往和项目的最终效果因素是相关联的。

质量改进的第二个活动：了解当前状态。当前状态和目标之间的差别就是需要通过改进活动来填补的。

质量改进的第三个活动：识别改进的机会。这是通过分析目标和现状之间的差异得到的。

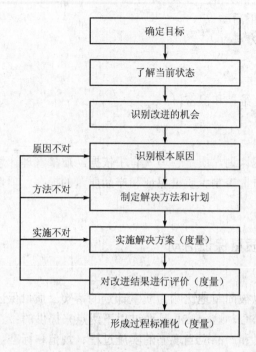

图 7-7　质量改进过程

质量改进的第四个活动：识别根本原因。所谓"根本原因"是指：导致产生现状的原因，也就是约束或者限制实现目标要求的原因，也可以看作阻止实现目标的障碍。

质量改进的第五个活动：制定解决方法和计划。解决方法主要是针对改变根本原因来制定的。只有改变了根本原因，才会移除掉改进的真正障碍。

质量改进的第六个活动：按照计划实施解决方案。

质量改进的第七个活动：对改进活动的结果进行评价，以判断期望的目标有没有实现。如果没有实现的话，则可能是由于以下 3 种原因导致的：

（1）实施不够到位，导致了结果没有产生期望的目标，这需要改进实施过程；

（2）解决方法不对，导致了没有根除掉产生障碍的根本来源，这需要重新制定解决问题的方法；

（3）根本原因不对，这说明产生现状或者阻碍改进的原因没有被真正找到，这需要重新识别产生问题的根本原因。

质量改进的第八个活动：如果改进的实施结果符合预期，那么我们需要考虑将这个方法通过某种形式固化下来，以便以后可以重复产生这种效果。这一目的是通过将解决方法形成标准化的过程，在组织内部进行推广和使用的。

在以上过程中对结果的判断都需要有度量手段的支持。也就是说，所有的结果都是有客观数据来支撑的，而不是主观的定性判断。

大多数信息系统项目在初次建立质量保证体系的时候会遇到来自一线开发人员的阻力，其主要是来源于质量保证所起的制定流程和监督的作用。在没有开展质量保证活动之前，大多数人员会有一个相对自由的做事习惯，但现在却被要求去遵循一个预先约定的流程，同时还被定期地监督和检查，这自然需要一个概念、意识和习惯的转化过程。在这个转化过程中，质量保证人员和一线的项目实施人员经常会产生矛盾和冲突。这也是今天困扰大多数信息系统项目上马成功的难题之一。因此，为保证项目质量活动的正常执行，必须明确项目质量管理的组织机构。例如，一个普通的软件开发项目，项目各级人员所扮演的角色和承担的责任如表 7-2 所示。

表 7-2 软件开发项目质量责任表

角 色	质 量 责 任
项目经理	进行整个项目内部的控制、管理和协调，项目对外联络人
系统分析员	开发组负责人
编程人员	详细设计、编程、单元测试
测试组组长	准备测试计划，组织编制测试案例，实施测试计划，准备测试报告
测试人员	编制测试案例，并参与测试
文档编写人员	编制质量手册
产品保证人员	对整个开发过程进行质量控制

2．过程改进的标杆——过程成熟度模型

质量改进总是贯穿于整个信息系统的开发过程中的，而无论使用什么过程，不同企业和不同项目的实施质量保证的程度都是不同的。实际上，给定一个过程模型的框架，开发团队通常会定义它的细节，例如，质量保证工作的实现过程、方法与工具、度量和测量方法等。尽管在一定的环境下总有一些过程模型优于其他类型的模型，但是一个项目的成功主要依赖于其将过程模型实现的成熟度，除了过程模型之外，与公司的全面质量管理系统相关的问题对信息系统项目的最终结果也很重要。

卡耐基梅隆（Carnegie-Mellon）大学的软件工程学院开发了过程能力成熟度模型（CMM），这是一个针对软件开发的框架（Humphrey，1989）。CMM 包括了过程成熟度的 5 个级别。

第 1 级：初始级。

特性：混乱——不可估计的代价、进度和质量性能。

第 2 级：可重复级。

特性：直觉——变化较大的代价和质量，进度的合理控制，不正式和随机的方法与过程。取得第 2 级成熟度的关键因素，或关键过程领域（KPA）为：

（1）需求管理；

（2）软件项目计划和监督；

（3）软件子合同管理；

（4）软件质量保证；

（5）软件配置管理。

第 3 级：已定义级。

特性：定性的——可靠的代价和进度、提高的但不可预测的质量性能。取得这个级别的成熟度的关键因素在于：

（1）组织过程改进；

（2）组织过程定义；

（3）培训计划；

（4）集成软件管理；

（5）软件产品过程；

（6）组间合作；

（7）同行评审。

第 4 级：已管理级。

特性：定量的——对产品质量合理的统计控制。取得这个级别成熟度的关键因素是：

（1）过程测量和分析；

（2）质量管理。

第 5 级：优化级。

特性：在过程自动化和改进中的持续资本投入有定量基础。取得这个级别的成熟度的重要因素是：

（1）缺陷预防；

（2）技术创新；

（3）过程变更管理。

这个软件系统保证成熟度评估框架已经被政府机构和软件公司使用，它采用一种评估方法和一个管理系统。评估方法依赖于问卷，问卷答案包括是或不是。每个问题都表明与该问题相关的软件保证成熟度级别。对于每个成熟度级别都设计了特殊的关键问题。为了适用于某一级别，该级别的 90% 的关键问题和 80% 的所有问题答案必须是肯定的。成熟度层次结构是分层次的结构，要达到第 3 级或更高，必须先取得第 2 级，在取得第 4 级前必须通过第 2 级和第 3 级，依此类推。假如，一个企业有不止一个信息系统项目，该企业的级别将通过综合问卷来决定。具体来说，就是每个问题的答案必须在企业中的大部分情况下为真。

有趣的是，软件度量和模型的广泛使用是第 4 级成熟度的关键特性；而对于第 5 级来说，缺陷预防则是关键。

7.3.3　开发过程中的质量保证

信息系统项目管理是一个系统工程，信息系统项目管理的主要目标是保证项目在规定时间内高质量地完成。项目管理包括项目组开发各阶段的人员结构的配置，质量控制的实施方略，内部文档和产品文档的组织编写等多项工作，其中质量控制方法具有软件开发的特点。

项目开发根据进度分为需求、设计、开发、测试等各个阶段，质量保证工作始终贯穿各阶段，同时又必须根据每个阶段特点采取相应的措施。

1. 需求分析

需求分析是开发人员对系统需要做什么和如何做的定义过程。从系统分析的经验来看，这个过程往往是个循序渐进的过程，一次性对系统形成完整的认识是困难的。只有不断地和客户领域专家进行交流确认，方能逐步明了用户的需求。从系统开发的过程得知，系统分析时犯下的错误，会在接下来的阶段被成倍地放大，越是在开发的后期，纠正分需求析时犯下的错误所花费的代价越昂贵，也越影响系统的工期和系统的质量。

在具体项目中，一般的做法有两种：一是请该领域专家参与到系统开发的早期阶段；二是开发系统原型，原型包括功能性的原型和用户界面性的原型，也可以是二者混合的原型，用这些原型来确认用户的需求。让该领域专家参与开发的早期阶段，是保证分析人员有充足的时间和该领域专家进行充分的交流和确认。在这个阶段，原型可能在提交到用户之前，首先被领域专家确认，这样保证了原型被认可的程度和认可过程耗费的时间尽可能的短，从而在提高效率的同时保证了质量。

在开发方内部还有三项保证措施：系统分析委员会保证系统分析能够集思广益；质量监督组对分析工作进行监督；技术支持人员参与需求调研。

分析委员会的意义在于任何分析人员在提交其所分析部分的分析说明书前，必须通过委员会的共同审议，委员会的成员根据各自的分析经验和自身所分析的部分对他人的分析报告提出质疑。如此审议过后保证了各部分间相互关联的部分被明确定义，避免了由于"疏忽"造成系统在后期进行整合时出现较严重的系统鸿沟或系统重叠。

质量监督组在项目的任何阶段都要提出监督计划。按照监督计划分配相应的资源来保证某阶段的开发质量。分析阶段的监督计划会在分析任务之前被项目经理、开发负责人、系统分析员以及技术支持人员所了解。为保证分析工作高质量进行，同时分析工作又不被过分打扰，质量监督组则主要针对《系统分析报告》进行复审，并在认为确实有必要的情况下才召开质量复审会议。质量复审会议的主要参与者是项目经理、开发负责人、分析人员和质量监督组组长。会议的主要议题是提出质量质疑，给出改进建议即可。具体是否存在质量问题，是否需要改进，不在会议中进行讨论，以此保证了会议参与的人数较少，会议的时间尽可能的短。

2. 系统实现

实现也就是代码的生产过程。生产的类别有类的生产、组件的生产、构件的生产、应用系统的整合以及各种测试用例的生产。为了能够提高生产的质量，将生产的程序人员按职能分成两组来测试用例的生产，也就是说如果某个程序员生产了某个组件，则其测试用例不能再由该程序员来生产，但他可以生产其他组件的测试用例。这样交叉生产更容易发现组件存在的问题。测试人员按照测试用例来测试组件的各项指标，提出测试报告。

为了控制系统开发过程中的往复，不至于产生重大过失，文档组和质量监督组协同完成信息系统开发的配置管理。

信息系统开发配置管理的目的在于控制信息系统开发过程中的"变化"，这种变化可能是由外部引起的，如需求的变化；也可能是来自于内部的变化，如早期设计的某个部件不够完备、需要修改等。为了控制这些变化，把变化引起的波动尽可能地控制在有限的范围内。

配置项是指需要进行控制的任何文档单元，它可能是需求说明报告，也可能是需求说明报告的某个点。在本项目中需要控制的内部配置项包括需求报告、设计报告、组件代码、组件接口文档及其构件和其他相关构件。

3. 系统测试

测试组的工作被分成若干阶段，不同阶段的划分是以保证信息系统质量的不同指标为目标的。测试的信息系统指标分别包括如下几点。

信息系统的正确性：正确性测试主要是测试信息系统的功能是否被正确地实现。测试的方式主要是按照功能的要求测试，如进行给定的输入是否有给定的输出，在非标称输入时输出是否异常等。同时也可以测试信息系统的功能是否实现或完整实现。

性能指标：一般是指该项目对性能超出一般信息系统项目的特殊要求。性能测试往往包含压力测试、攻击性测试等测试。一般来讲信息系统的极限应当高出用户要求的性能，各种指标也应当为用户所了解。

易用性：信息系统的使用界面在设计实现的时候应当设法使之与功能的实现相脱离。脱离的原因在于易用性是通过友好的界面实现的。然而让开发人员以使用者的角度来确定信息系统是否易用是件非常困难的事情，在确定使用界面时往往需要多次的反复修改，甚至只能在信息系统最后交付之前或用户使用一段时间之后才被提出来。

鉴于这种特点，信息系统在开发的不同阶段都做了相应的保证措施，比如在信息系统需求界定的时候请该领域专家参与，在信息系统设计阶段，让功能的实现尽可能地包含在信息系统的组件之中，也就是没有界面要求的底层实现。界面的实现仅仅依赖于一个数据接口，界面仅仅负责将用户输入的数据送到指定的数据块中，用于显示的数据也在指定的数据块中提取，只要保证数据块被互斥地访问就可以了。有了这样的设计结构，信息系统的易用性也就相当容易保证了。当测试中发现易用性的问题时，由于信息系统没有伤到筋骨，皮毛的修改总是非常容易的。

只有在项目每个阶段不断实施质量管理措施，才能尽早发现问题，确保项目成功。

7.4　信息系统项目的质量控制

7.4.1　信息系统的质量缺陷

在讨论质量控制活动之前，先来理解一下缺陷引入和消除的周期。信息系统开发是一个高度的以人为中心的活动，因此是倾向于出错的。在信息系统开发的任何阶段都会引入缺陷。也就是说，在把用户需求转化成信息系统以满足这一需求的过程中，缺陷会在任何转化过程中被引入。这些阶段一般包括：需求分析、概要设计、详细设计和编码。

如果期望提交包含尽可能少的缺陷的信息系统，很明显在提交之前消除缺陷是势在必行的。虽然识别缺陷和消除缺陷是两个独特的活动，但在一个项目过程包含了许多可以识别缺陷的过程，在这些过程中应当及时消除它们。

在本文中我们只用消除来代表这两种活动。潜在的缺陷越大，用来消除它所花的费用越高。因此在成熟的信息系统开发过程中，每一个可能会引入潜在缺陷的阶段完成之后都会开展质量控制活动。这些为了消除缺陷的活动包括：需求评审、设计评审、代码抽查、单元测试、集成测试、系统测试以及验收测试。其中也包括对计划文档的评审。

质量控制的任务就是策划可行的质量管理活动，然后正确地执行和控制这些活动以保证绝大多数的缺陷都可以在开发过程中被发现，而不是延误到交付之后。

7.4.2 质量控制活动

质量控制活动主要是监督项目的实施结果以判定它们是否符合相关的质量标准。

（1）通过度量来获得项目质量的真实状态；

（2）将项目质量实际值和质量标准进行比较；

（3）对项目的质量问题进行原因分析以及采取纠正的措施来消除质量偏差。

所以一般来说，质量控制活动最主要的特征就是直接对产品进行检查。通常包括生产线上的检验措施，产品开发过程中的文档评审活动及产品开发过程中的测试活动等。

直接的检查措施可以剔除含有缺陷的产品，但仅仅排除缺陷是不够的。我们还需要定位缺陷产生的根源，采取根本性的措施来预防缺陷，而这就需要一些可以帮助我们有效开展质量控制活动的工具的支持。用在质量控制中的质量工具大多用于以下几个目的：

（1）了解当前状态，以判别是否正常；

（2）定位问题，查找问题根源；

（3）帮助产生解决方法。

对于高质量的信息系统来讲，最终产品应该包含尽可能少的缺陷。而信息系统开发是一个以人为中心的活动，所以要想阻止所有缺陷的引入是不可能的。因此，要想交付一个高质量的信息系统，消除缺陷的活动就变得很重要。缺陷消除是通过评审和测试这类质量控制活动来实现的。很明显，质量控制活动对任何项目来说都是非常重要的。

7.4.3 实施质量控制的方法

1. 评审

评审是对信息系统的中间产品如信息系统需求规格说明、信息系统设计说明、信息系统测试设计进行错误检查和规范遵从性检查的主要手段，它主要涵盖信息系统的设计和开发过程。评审的目的是由一组有资格的人员对信息系统设计和开发的输出进行评价，以判断确定设计和开发的输出能否实现信息系统产品预先定义的规格，同时通过评审标识出与规格和标准的偏差。它向管理部门提供充足的证据以证明：

（1）设计和开发的输出符合其规格要求；

（2）设计和开发的输出是否满足相关法律、法规以及企业标准的要求；

（3）信息系统产品的更改得到了恰当的实施；

（4）信息系统产品的更改只对那些规格发生了更改的系统区域有影响，没有引入新问题。

而评审的主要内容可根据产品设计的研制周期、技术难度、复杂程度以及使用方的要求有所侧重和适当的增减，但应满足对设计结果进行评审的要求，必须包括以下 7 点：

（1）设计方案正确性、先进性、可行性和经济性；

（2）系统组成、系统要求及接口协调的合理性；

（3）系统与各子系统间技术接口的协调性；

（4）采用设计准则、规范和标准的合理性；

（5）系统可靠性、维修性、安全性要求是否合理；

（6）关键技术的落实解决情况；

（7）编制的质量计划是否可行。

在识别了评审的目的和内容之后，参与评审工作的人员有哪些呢？以下列出了参与评审工作的人员结构。

（1）主审人。主审人是技术评审的指挥人员，负责评审活动的组织、结论、书面报告和问题跟踪。

（2）评审专家。评审专家应由满足要求的技术人员担任，负责向评审组成员提出自己的评审意见和建议。

（3）质量保证人员。

（4）记录员。这里指会议记录人员。

（5）顾客和用户代表。必要时，由主审人确定能够充当顾客和用户代表的角色。

（6）相关领导和部门管理人员。

上述这些评审相关人员在展开评审工作时，需要遵循一定的依据并按照特定的评审方式来进行评审。评审的依据主要来自合同、技术协议书、需求规格说明书、设计任务书以及有关标准、规范和质量保证文件。具体评审时，评审工作一般按照会签评审和会议评审这两种方式展开。会签评审是各个评委根据评审的内容和要求进行审核并发表自己意见，当评委的意见基本一致或问题比较明确或已得到解时，则不召开会议而直接填写《设计和开发评审报告》的一种评审方式。而会议评审就是公司组织内外的专家召开评审会议，根据评审的内容和要求进行讨论、分析并就最终结果达成一致的评审方式。评审过程的流程如图 7-8 所示。

（1）提出申请。一般情况下，设计部门应在评审前 3 天向项目管理部提交《设计和开发评审申请表》。

（2）提供资料。公司级评审，要求评审的设计部门应在评审会前 2～3 天将评审资料交项目管理部，项目管理部将评审资料交评委。业务部门级评审，评审资料由业务部门负责人监督备齐，于评审会前两天交评委。

（3）成立评审组。评审组产生办法主要包括如下两个方案：

① 评审组成员由项目组提出建议，项目管理部根据项目组的建议与相关部门（或人员）协商产生。

② 评审组的组长和副组长从评审组成员中推举产生。

其中评审组设组长 1 人，可设副组长 1～2 人，成员若干人。这些人员主要包括：

● 同行专家；

● 与被评审设计阶段有关的职能部门代表；

- 有关项目组设计人员代表；
- 项目管理部代表；
- 有关人员（客户、公司领导等视情况而定）。

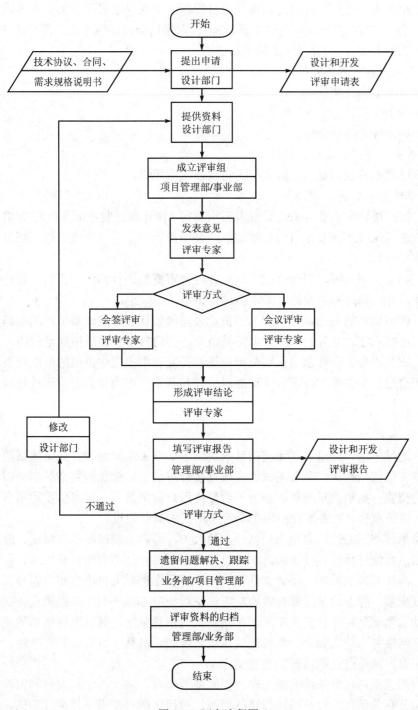

图 7-8　评审流程图

（4）评委发表意见。评审组长组织评委审查资料，各评委根据评审的内容和要求发表意见，填写评审专家评审表。

（5）形成评审结论。评审组长分析各评委的审查意见，当各位评委的意见基本一致，或问题比较明确并已得到解决时，可与项目管理部协商决定采用会签评审方式，直接形成评审结论，填写《设计和开发评审报告》，否则采用会议评审方式。若召开评审会（会议评审方式下采用），则必须给出如下报告。

① 会议报告。内容包括：

● 评审的依据性文件；

● 设计工作报告；

● 设计文件的综合介绍。

② 评审会评议，设计人员答辩。

评审组根据评议的意见，提出存在问题及改进建议。

③ 形成评审结论。

业务部门级评审由业务部门负责人组织填写《设计和开发评审报告》，并将评审遗留问题的改进意见及措施及时报项目管理部。公司级评审由项目管理部组织填写《设计和开发评审报告》。

（6）如果评审通过，则评审程序结束并对评审资料进行归档，否则由设计部门修改设计方案，并对修改后的设计方案重新进行评审。

（7）评审资料的归档。项目管理部负责公司级设计和开发评审资料的整理并及时对这些资料进行归档。业务部门级评审资料由业务部门自行整理后按规定归档。

（8）跟踪管理。设计部门认真分析设计和开发评审报告中提出的问题及改进建议，制定纠正措施并负责落实；项目管理部对设计和开发评审实施监督与跟踪管理，并形成记录。

2．测试

（1）测试方法。信息系统测试的目的决定了如何去组织测试：如果测试的目的是为了尽可能多地找出错误，那么测试就应该直接针对信息系统比较复杂的部分或以前出错比较多的位置；如果测试的目的是为了给最终用户提供具有一定可信度的质量评价，那么测试就应该直接针对在实际应用中会经常用到的商业假设。

信息系统测试的方法原则上可以分为两大类，即静态测试和动态测试。静态测试是对被测信息系统进行特性分析的方法的总称，主要特点是不利用计算机运行被测试的信息系统，而针对需求说明、设计文件等文档和源程序进行人工检查和静态分析，以保证信息系统质量。静态测试能够有效地发现信息系统中 30%～70%的逻辑设计错误和编码错误。动态测试是在计算机上实际运行被测试的信息系统，通过选择适当的测试用例，判定执行结果是否符合要求，从而测试信息系统的正确性、可靠性和有效性。动态测试的两种主要方法是白盒测试和黑盒测试。

白盒测试是对信息系统内部工作过程的细致检查，它允许测试人员利用程序内部的逻辑结构及有关信息，设计或选择测试用例，对程序所有逻辑路径进行测试。通过在不同测试点检查程序的状态，确定实际的状态是否与预期的状态一样。因此，白盒测试又称为结构测试或逻辑驱动测试。白盒测试一般选用最少量的可以有效揭露隐藏错误的路径进行测试，所以如何设计信息系统测试用例是这种方法的关键。

黑盒测试则着眼于信息系统的外部结构，不考虑程序的逻辑结构和内部特性，仅依据信息系统的需求规格说明书，在信息系统界面上检查程序的功能是否符合要求，因此黑盒测试又叫做功能测试或数据驱动测试。用黑盒测试发现程序中的错误，必须在所有可能的输入条件和输出条件中确定测试数据，来检查程序是否都能产生正确的输出。

白盒、黑盒测试不能相互替代，而应互为补充，在测试的不同阶段为发现不同类型的错误而灵活选用。

（2）测试过程。信息系统测试过程一般按四个步骤进行，即单元测试、组装测试、确认测试和系统测试，如图 7-9 所示。

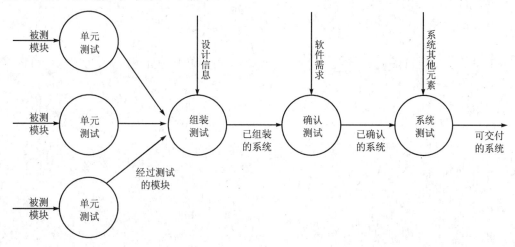

图 7-9 信息系统测试过程

单元测试是指依据详细的设计描述，对每一个功能相对独立的程序模块进行测试，检查各个单元是否正确地实现规定的功能。单元测试一般在完成某一程序模块的编程后由程序员立即进行，主要对程序内部结构进行检验，着重发现和解决代码编写过程中的差错，多采用白盒测试法。

组装测试是指在将单元测试无误的程序模块组装成信息系统的过程中，对程序模块间的接口和通信方面的正确性的检查。通常可采用增式和非增式两种方法。其中，前者把一个待测试的模块组合到已经测试好的模块组上进行测试，而后者则把通过单元测试的模块组合成整个系统进行统一测试。组装测试一般在完成了信息系统的所有或大部分编码工作后，由不同开发人员共同完成。

确认测试又称有效性测试，即验证信息系统的功能和性能是否与用户的需求相一致，以及信息系统配置是否完全正确。一般以信息系统的需求规格说明书为依据，采用黑盒测试法。

系统测试是将通过确认测试的信息系统作为一个元素，在实际运行环境中，与计算机硬件、外设、某些支持信息系统、数据和人员等元素结合在一起，对整个系统进行的测试。与前三种测试不同，实施系统测试的人员应是最终用户代表。

 **思考题**

1. 什么是质量？如何理解？
2. 什么是信息系统项目的质量目标？
3. 质量控制的方法有哪些？
4. 如何做好信息系统项目的质量控制？
5. 信息系统项目质量改进的方法有哪些？

第8章 信息系统项目沟通与冲突管理

通过本章学习，读者可以：

- 了解沟通的概念、过程、原则。
- 掌握改善信息系统项目沟通的方法。
- 掌握沟通的两种方式：正式沟通和非正式沟通。
- 掌握信息系统项目沟通管理体系。
- 了解冲突与冲突管理的定义、特点及过程。
- 掌握冲突的一般表现形式及来源。
- 掌握信息系统项目中的冲突强度分析、来源、表现形式以及化解冲突的管理策略。

彼得·戈培德兢兢业业地工作，成为了一家大型电信公司的领导。他是一个非常有才华、有能力的强硬的领导者。海底光纤通信系统这个项目比他以前参与过的任何一个项目都要大得多，复杂得多。海底光纤通信系统分为好几个截然不同的项目，彼得是主管监督所有这些项目的经理。由于海底通信系统的市场不断变化，包括的项目又很多，因此，对于彼得来说沟通关系重大。如果缺乏里程碑和完成日期，他的公司将遭受巨大的资金损失，小项目每天会损失数千乃至上万美元，大项目每天损失会超过25万美元。每一项目都依赖其他项目的成功。因此，彼得不得不去积极了解和管理这些重要的关系。

彼得与这些向他汇报的项目经理们进行过几次正式的和非正式的讨论。他与他们以及项目实施助理克里斯廷·布朗一道为该项目编制了一个沟通计划。然而，他还是不能确定发送信息和管理所有不可避免的变更的最佳方法。他还想给这些项目经理规定统一的编制计划和监控执行的方法，但同时又不扼杀他们的创造性和自主性。克里斯廷建议他们考虑使用一些新的沟通技术，使一些重要的项目信息时时更新，做到实时同步。尽管彼得对通信和光纤铺设知道很多，但是他不是使用IT来改善沟通方法的专家。事实上，这也是为什么他要克里斯廷做他的助手的部分原因。他们真的能够找到一个灵活而且容易使用的沟通方法和工具吗？

项目沟通管理是现代项目管理知识体系中的九大知识领域之一。项目沟通管理是项目成功所必需的因素，即为人、想法和信息之间提供了一个关键连接。涉及项目的任何人都应准备以项目"语言"发送和接收信息，并且必须理解他们以个人身份参与的沟通将会怎样影响整个项目。沟通是一个软指标，沟通所起的作用不好量化，沟通对项目的影响往往也是隐形的。在信息系统项目管理中，人是项目管理的最主要资源，人与人之间能否进行有效的沟通，实现资源的最有效的整合，是信息系统项目成功的关键。

在1995年，斯坦迪什集团研究发现，与IT项目成功有关的三个主要因素是：用户参与、主管层的支持和需求的清晰表达。所有这些因素都依赖于拥有良好的沟通技能。

一篇发表在《信息系统教育》杂志上的文章，就IT专业人员沟通技能的重要性表述了如下结论。

基于被调查者的调查结果，我们可以得出一些一般性的结论。第一，很明显，IT专业人员要参加大量的口头沟通活动，这些活动本质上是非正式的、持续时间短而且每次的人数都不多。第二，我们可以推断大部分的沟通实际上是口头的，但是有时会辅以笔记、图表或计算机输出。第三，很显然人们希望他们的同伴在谈话过程中仔细地倾听，并对问题做出恰当的反映。第四，所有的IT专业人员必须意识到他们有时不得不参加某些形式的非正式的公开演讲。第五，很显然，IT专业人员为了在现在的职位上获得成功，就必须能够进行有效的沟通。

平均起来，我们的被调查者似乎在他们的IT事业中都有过从低职位到高职位的过程，他们认为对于他们职位提升更重要的是口头表达能力，而不是当前的工作。口头沟通能力似乎是职位提升的关键因素。

8.1　项目沟通概述

沟通虽然是每个人每天都要做的事情，但却是一项需要努力学习和锻炼才能做好的事情。"高级管理人员往往花费 80% 的时间以不同的形式进行沟通，普通管理者约花 50% 的时间用于传播信息。"（*Effective Communication*，Ludlow，R）所以说，一个成功的管理者最主要的任务之一，就是充分发挥自己的沟通能力做好沟通工作，使自己的项目组织或团队更加合理并有效地开展工作。

8.1.1　信息系统项目沟通的概念

所谓项目沟通，是指在项目实施过程中两个或两个以上的人或组织为达成共识所进行的信息分享。著名组织管理学家巴纳德认为，"沟通是把一个组织中的成员联系在一起，以实现共同目标的手段"。

正确理解沟通定义，需要把握以下 3 点。

（1）沟通是意义的传递。沟通过程中双方相互交换的是三种东西：信息（数据）、思想（观点）和感情（情感）。信息是人们对事物的客观描述和为决策提供支持作用的数据；思想是人们对于特定事物的主观想法或意见，是带有思想性的信息；感情是人们对某物的主观好恶，是人们情感的一种反映。

（2）双方能够准确理解信息是有效沟通的前提。无论通过什么渠道进行沟通，首要问题就是沟通双方是否能够相互理解，沟通双方是否能够真正理解相互传递的信息和含义，相互理解各自表达的思想和感情、相互理解字里行间的真实意思。

（3）沟通是一个双向互动的反馈和理解过程。沟通的双方总是向对方提出各种各样的问题和要求，一方总是希望另一方变成某种角色或做某件事情；而另一方则会要求为此而获得一定的回报。沟通就是双方关注、理解对方的问题和要求，然后做出回应的过程。

8.1.2　项目沟通的过程

沟通是一个复杂的过程，任何沟通都是发送者将信息传递到接收者的过程。沟通的过程可以分为以下 7 个步骤。

（1）发送者。发送者首先要确定自己在沟通过程中所要沟通的信息和思想，这些是沟通过程中要努力使对方接受和理解的东西，也是实际发出的内容。

（2）编码。编码是发送者将其信息与意义符号化，编成一定的可传递的语言形式或其他形式的符号。只有在完成了编码工作以后，信息发送者才能够把自己的信息或思想发送或传递给信息接收者。

（3）渠道。信息发送者在完成编码以后还需要进一步选择合适的沟通渠道（传递渠道），并用它将信息传递给信息接收者。沟通渠道的选择要根据信息的特性、信息接收者的具体情况和噪声干扰等情况来确定，主要考虑渠道是否畅通，干扰是否过大，是否有利于反馈等因素。如公司的战略决策就不宜通过口头形式，而应采用正式书面文件作为沟通渠道。有时人们同时或先后使用两种或多种沟通渠道进行沟通，如先口头沟通，然后书面跟进。

（4）译码。译码与编码相反，是接收者在接收到信息后，将信息符号还原为信息与意义，并理解其信息内容与含义的过程。完美的沟通应该是传送者的信息 1 经过编码与译码两个过程后形成信息 2，并且信息 2 与信息 1 完全吻合，也就是说，编码与译码完全"对称"。对称的前提条件是双方拥有相同或类似的背景、经验及代码系统。如果双方对信息符号和内容缺乏共同背景、经验或双方编、译码的代码系统不一致，则在解读信息与正确理解其内在意义的两个过程中必定会出现误差，容易造成沟通失误或失败。因此，传送者在编码过程中必须充分考虑到接收者的经验背景，注重内容、符号对于接收者的可读性；而接收者在译码过程中也必须考虑到传送者的经验背景，这样才能更准确地把握传送者意欲表达的真正意图，正确而全面地理解收到信息的本来意义。

（5）接收者。接收者根据符号传递的方式选择相对应的接收方式接收发送者编码后的符号，然后接收者将这些符号译为具有特定含义的信息并理解信息的内容。

（6）反馈。反馈是指接收者把收到并理解了的信息返送给发送者，以便发送者核实接收者是否正确理解了信息。为了检验信息沟通的效果，即接收者是否及时、正确、完美地接受并理解了所需要传达的信息，反馈是必不可少和至关重要的。在没有得到反馈以前，信息发送者无法确认信息是否已经得到有效的编码、传递、译码与理解。

（7）干扰。任何一个沟通过程都会存在干扰，这些干扰是由于各种噪声或某种环境因素造成的。如果要保证信息沟通过程的连续性和有效性，就必须开展消除干扰的工作，所以它也是信息沟通过程中的一个十分重要的环节。

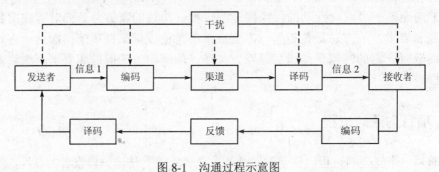

图 8-1　沟通过程示意图

8.1.3　有效沟通的要点

在项目中，很多人进行沟通，但效果却不明显，似乎总不到位，由此引起的问题也层出不穷。有效沟通的要点很多，尽早沟通、主动沟通就是其中两个最主要的原则，实践证明了它们非常关键。

（1）尽早沟通。尽早沟通就是要求项目经理考虑问题要有前瞻性，尽早或定期在用户和项目成员中建立沟通，及时发现问题、解决问题，并预测和寻找潜在的问题。在项目管理中出现问题并不可怕，可怕的是问题没被发现。沟通越晚，问题暴露越迟，造成的损失就越大。

某公司在承接一个网站项目时，由于用户在外地，双方对于网站内容更改和补充的沟通多是以电话形式进行的，用户的要求看似简单，但其特殊性没有充分表示出来，更没有以准确的文字形式给以确认。工期进入到后半期，双方在一起沟通时才发现差异较大，以后的工作自然很被动，出现较多的返工和修改，承建方责怪用户要求不断更改和增加，而用户则抱怨已及时告诉项目组成员，但意见未被重视。从而成本和工期大大超出计划，双方在合作上出现较多冲突。

（2）主动沟通。主动沟通说到底是对沟通的一种态度。在项目中，我们极力提倡主动沟通，尤其是当已经明确了沟通的必要性时。主动沟通不仅能建立紧密的联系，更能表明对项目的重视和参与，会使沟通的另一方满意度大大提高，对整个项目的顺利进行非常有利。

8.2 信息系统项目的沟通管理

沟通管理就是确定利益相关方的信息交流和沟通的需求，确定谁需要信息，需要什么信息，何时需要，以及如何将信息分发。项目沟通管理的目标是及时而适当地创建、收集、发送、存储和处理项目的信息。

某公司的 IT 项目已经实施 4 个月了，客户在检查项目阶段成果时，指出曾经要求的某个产品特性没有包含在其中，并且抱怨说早就以口头的方式反映给了项目组的成员，糟糕的是作为项目经理却一无所知，而那位成员解释说忘记这一点了。另外，更糟糕的是程序员在设计评审时描述了其所负责的模块架构，然而软件开发出来后，发现这和理解的结构大相径庭……主要是什么原因造成的？如何避免这种现象发生？

这是一个很典型的沟通问题。沟通途径不对，导致信息没有到达目的地。"心有灵犀一点通"可能只是一种文学描绘出的美妙境界，而在实际生活中，不同的文化背景、工作背景、技术背景造成人们对同一事件理解方式偏差很大。

很显然，信息系统项目实施中，建立有效的沟通管理体系是非常重要的一件事。一般而言，在一个比较完整的沟通管理体系中，应该包含以下 4 方面的内容：沟通计划编制、信息发送、绩效报告和管理收尾。

（1）沟通计划编制（Communications Planning）。主要是确定利益相关方信息和沟通的需要；谁需要哪些信息、何时需要、如何得到。

（2）信息发送（Information Distribution）。按照项目信息沟通的需要和事先所确定好的信息沟通渠道和形式进行信息的发送，使项目利益相关方适时得到所需要的信息。

（3）绩效报告（Performance Reporting）。收集并发布绩效信息，包括状态报告、进展测量和预测。

（4）管理收尾（Administrative Closure），为了保证项目完成而产生、收集与发布信息。

8.2.1 沟通计划的编制

项目沟通计划的编制是要根据收集的信息先确定出项目沟通要实现的目标，然后再根据项目沟通目标和项目需求去分解得到项目沟通的任务，进一步根据项目沟通的时间要求去安排这些项目沟通任务，并确定出保障项目沟通计划实施的资源和预算。

编制沟通计划的主要依据有如下 4 点。

（1）沟通需求。实质上是利益相关方对信息的总体需求。决定项目沟通通常所需要的信息有：

① 项目组织和项目岗位职责关系；

② 项目的纪律、行政部门、专业；

③ 项目所需人员及其他资源的推算；

④ 项目利益相关方的分工和协作；

⑤ 绩效的衡量及项目的控制；

⑥ 外部信息需求。

（2）沟通技术。可用于进行信息交流和沟通的技术和方法很多。影响项目沟通技术选择的主要因素包括信息需求的即时性、技术的可行性、预期的项目人员状况及项目生命周期等。

（3）制约因素。制约因素是限制项目管理小组做出选择的因素。例如，如果需要大量地采购项目资源，那么处理合同的信息就需要更多的考虑。当项目按照合同执行时，特定的合同条款也会影响沟通计划。

（4）假设因素。对计划中的目的来说，假设因素是被认为真实的确定的因素。假设通常包含一定程度的风险。它们可在本处确定，也可以在风险识别过程中确定。

沟通管理计划主要包括以下内容。

（1）信息收集渠道结构。它是详细说明信息收集和存储渠道的结构，即用何种方法从何处收集信息。举例来说，一个项目组的成员出席了一个会议并带回一些有价值的信息，它将归档保存在哪里呢？如果一个供应商送来了一本新产品样本，它将归档和保存在哪儿呢？如果同一个供应商 6 个月后又送来一本新产品样本，如何处理新样本与旧样本呢？如果在项目中使用了新产品，并且可能影响到其他领域，如会计和工程，那么该新产品的有关信息如何传送到其他领域呢？每个人都知道很难安排个人的工作，所以，有必要制定和遵循一个制度，将与项目有关的重要工作建档。此外，很多政府机构要求详细的档案制度，保持监督，以保证遵循规章并进行归档。

（2）信息分发渠道结构。它是详细说明信息分发渠道的结构，即信息将流向何人以及用何种方法传递。例如，项目状态报告是书面的还是口头的？是不是每个项目利益相关方都收到每一份更新的主进度表？执行者是不是收到不同格式的状态报告？

（3）建立通用词汇表。对项目中使用的项目术语和词组是否都给出了清楚的定义，建立了统一的词汇表。在成功的项目管理实践中，会有一些引起冲突的问题，这些问题只能用定义清楚的术语和概念来解决。

（4）分发信息的形式。分发信息说明，包括格式、内容、详细程度和采用的符号规定和定义。如果在沟通计划书中提供模板和主要项目报告的实例，可以避免很多的混乱。

（5）日程表。它是信息的时间频度要求及进度安排，说明何时进行某种沟通。因为到了将工作归档的时候，许多人往往会耽搁，而保证时间以建立关键项目信息和确保质量是很重要的。

（6）获得信息的询问方法。比如，哪些人可以访问哪些项目文件？各类信息都采用什么方式保存，是在线保存还是复制下来？谁出席什么会议？

（7）随着项目推进和发展，不断更新沟通管理计划的内容和方法。

（8）项目利益相关方沟通分析。每个项目利益相关方需要哪类信息。通过项目利益相关方的沟通分析，能避免浪费时间和金钱去建立或发送一些不必要的信息。项目组织结构图是区别内在的项目利益相关方的出发点，还必须考虑项目组织外的关键项目利益相关方，如客户、客户的高级管理层、分包商等。下表提供了一个利益相关方分析的实例。

表 8-1　项目沟通利益相关方分析

利益相关人	沟通需求	沟通技术	沟通方法	沟通频度	接口人
客户	项目状态	书面	项目报告	至少每周一次	张三
供应商	服务器供货咨询	书面	信涵	采购前	XX 电脑服务商

制定一个协调的沟通计划是促进项目沟通的重要因素。例如，本章开篇案例中的海底通信项目群经理彼得·戈培德将从沟通计划中获得巨大的利益，这个计划是他下面的所有项目经理帮助编制的，并为他们所遵循。由于其中的几个项目可能拥有一些相同的利益相关方，如果客户收到彼得公司的状态报告，而这个报告与从该公司内其他相关项目收到的报告格式完全不同，信息的内容也不同，那么客户就会怀疑彼得公司管理项目群的能力。

8.2.2　信息发送

把正确的信息，在正确的时间，以正确的形式，传递给正确的人，这些工作和产生这些信息的工作同样重要。沟通计划说明了什么时候以什么形式传递给什么人和什么样的信息，而信息发送就是确保沟通计划被正确执行。信息发送需要考虑的重要事项包括技术的使用、正式和非正式的沟通以及沟通的复杂性。

1．正式沟通与非正式沟通

有效地发送信息依赖于项目经理和项目团队成员良好的沟通技能。沟通包括许多不同的方式，如正式沟通和非正式沟通。

正式沟通主要包括正式书面沟通（项目章程和管理计划）和正式口头沟通（讲演和工作汇报）两个方面的内容。

正式的书面沟通主要是以标准的项目文档形式存在和传递的。它主要用于约定和承诺。

使用正式书面沟通需要注意以下 3 点：

（1）使用统一的语言，即"项目管理"语言；

（2）使用定义并被认可的模板，确保信息的完整性和内容的可预测性；

（3）准确、简练、客观。

利用书面报告的形式进行沟通，会使沟通双方缺乏感情的交流，而且无法立即得到信息反馈。另外，编写书面报告对文字表达能力较差者而言是一大苦事，报告如果太简洁，表达可能不足，如果长篇大论，又可能没有人看。

口头沟通有助于公开积极的或者消极的重要信息，有助于项目人员和利益相关方之间建立较强的联系。正式的口头沟通大多数以演讲（1 对多），会议（多对多），谈话（1 对 1）形式存在，用于补充正式的书面沟通，或形成正式的书面沟通。使用正式书面沟通要注意以下两点：

（1）事先列出提纲，内容简练，条理清楚，追求效率；

（2）陈述客观事实，避免主观感情。

会议沟通通常有三种形式：项目情况评审会议、项目问题解决会议和项目技术评审会议。

（1）项目情况评审会议。召开该会议的目的是通报情况、找出问题和制定下一步的行动计划。所以项目情况评审会议应该定期召开，以便早日发现问题和找出潜在问题，防止危及项目目标实现的意外情况发生。

项目情况评审会议的内容：

① 自上次会议后所取得的成绩；

② 各种计划的完成情况；

③ 各项工作存在的差异；

④ 项目工作的发展变化趋势；

⑤ 项目工作的发展结果预测；

⑥ 需要采取的措施及下一步行动计划安排。

（2）项目问题解决会议。当项目团队成员发现已有问题或潜在的问题时，应立即召开解决会议。会议内容包括：

① 描述和说明项目存在的问题；

② 找出这些问题的原因和影响因素；

③ 提出可行的问题解决方案；

④ 评价并选定满意的问题解决方案；

⑤ 重新修订项目相关计划。

（3）项目技术评审会议。它主要是借助于专家的力量，对影响信息系统项目的重要节点和事项进行评审和把关，以确保项目成功。它通常适用于对项目的技术解决方案进行评审。

信息系统项目通常需要进行大量的协调，那么开简短而频繁的会议是较好的主意。例如，一些项目经理要求项目成员参加"站立"会议，根据项目需要每周或每天早晨召开一次，这种会议没有椅子，这样迫使人们把精力集中在真正需要沟通的问题上。

由于正式沟通行为刻板，沟通速度慢，所以现在很多企业都鼓励进行更多的非正式沟通。非正式沟通是一种通过正式规章制度和正式组织程序以外的其他各种渠道进行的沟通。非正式沟通的内容和信息都具有非计划性，突发性，随机性等特点，但是根据沟通信息的内容和目的，存在着两种类型的非正式沟通：不利的非正式沟通和有利的非正式沟通。

（1）不利的非正式沟通。按照 Keith Davis 的研究，非正式沟通存在 4 种传播形式。

① 单线式，消息由一人通过一连串的人把消息传播给最终接收者。

② 流言式，又称为闲谈传播式。它是由一个人主动地把小道消息传播给其他人。

③ 偶然式，又称为机遇传播式。消息是由一个人按偶然的机会传播给他人，他人又按偶然机遇传播，并无一定的固定路线。

④ 集束式，又称为集群传播式。一个人有选择地告诉自己的朋友或有关人员，并照此传递消息。

Davis 的研究表明，小道消息传播的最普遍形式是集束式。10%的人是小道消息的传播者，而且大多是固定的一些人。

减少非正式沟通不利影响的措施：

① 加强正式沟通渠道，减少非正式沟通的负面影响；

② 公布进行重大决策的时间安排；

③ 公开解释那些看起来不一致或隐秘的决策和行为；

④ 对目前的状况，强调其积极一面的同时，也指出其不利的一面；

⑤ 公开讨论可能出现的最差结局，这肯定比无端的猜测引起的焦虑程度低。

（2）有利的非正式沟通。有目的的非正式沟通可以补充正式沟通所带来的信息传播局限，促进隐性知识的传播，加强组员之间的工作默契和理解，满足合群需要，并可以对项目成员起到一定的激励作用。

2．沟通复杂性的确定

信息发送的另一个重要的方面是项目中人员的数目，沟通的复杂性会随着项目中人数的增加而增加。当项目人数越多时，除了有更多的个人的沟通偏好外，还会有更多的沟通渠道。当项目中人数增加时，有一个简单的计算公式可以确定沟通渠道的数目，计算公式如下：

$$沟通渠道的数目 = n(n-1)/2$$

其中，n 是包含的人员的个数。例如，2 个人有一条沟通渠道：$2(2-1)/2=1$；3 个人有 3 条沟通渠道：$3(3-1)/2=3$；4 个人有 6 条沟通渠道；5 个人有 10 条沟通渠道，等等。

当参与沟通的人数超过 3 个的时候，沟通渠道的数目会快速地增长。

通过会议还是通过邮件来提出问题和解决问题，效果肯定是不同的，这里既要考虑沟通的效果，还要考虑沟通的工具支持。例如，通过给 100 个人发电子邮件来提出一个问题，它的效果与通过一个大型的评审会议或小型的小组会议提出这个问题是完全不一样的。与在会议上讨论同一问题相比，给 100 个人发送电子邮件可能导致更多的问题。

针对项目团队中不同的成员数，应该选择不同的沟通方式。例如，选择给 5 个人发送电子邮件，而不是给 500 个人发送电子邮件。这是因为当组织膨胀时，将面临许多管理上的挑战，恶劣的沟通会使犯致命错误的可能性成指数增长。

沟通是保持每项工作正常进行的润滑剂。大型的项目分解管理就容易得多，解决 5 个人的小组中出现的不信任的气氛比 500 人的团队就会容易得多。梦龙的 MRICU 软件在沟通管理上有很好的效果。

信息发送包括创作和发送状态报告或开一些定期的会议。许多优秀的项目经理都了解他们自己在这个领域的长处和弱点，他们需要周围的人对他们的能力能起到补充作用。例如，在开篇案例中，彼得要克里斯廷做他的助手，整个项目团队共同分担项目沟通管理的责任就是一个很好的做法。

8.2.3 绩效报告

绩效报告是为了使项目利益相关方知晓为实现项目的目标，是如何使用资源以实现成果的。项目计划和工作成果是绩效报告输入的主要内容；绩效报告的主要输出包括状态报告、进度报告、预测和变更请求。

（1）状态报告（status reports）。介绍项目在某一特定时间点上所处的位置。状态报告要说明的是为实现项目范围、时间、成本和质量目标项目所处的状态。如项目进行到目前已经花费了多少资金？完成某项任务要多久？项目质量是否达到质量标准的要求。编写状态报告一般使用挣值分析技术，挣值分析是一种综合范围、时间和成本数据的项目执行绩效测量技术。

（2）进展报告（progress reports）。介绍项目组在某一特定期间内所完成的工作。许多项目的做法是，要每个项目组成员准备一份月度进展报告，有时是每周进展报告，甚至日工作进展报告。项目组负责人以从各个成员那里收集的信息为基础完成统一的项目进展报告。

（3）项目预测（project forecasting）。是在过去历史资料和现状的基础上，预测项目未来的状态和进度趋势。根据当前项目的进展情况，预计最终完成项目要多长时间？完成项目需要多少资金？如果需要进行目标变更，则须对变更做出详细说明。

绩效报告另一种重要的方法是状态评审会议。状态评审会议是面对面的讨论。许多项目经理每月召开状态评审会议来交换重要的项目信息，激励职员在自己负责的项目部分取得进展。同样，许多高级经理召开月度或季度的状态评审会议，会上项目经理必须汇报综合的状态信息。

8.2.4　管理收尾

管理收尾包括验证项目的成果并归档；发起人和客户对项目产品进行正式的接受；汇集项目的记录，确保这些记录反映遵循的规范；分析项目的有效性，将信息存档以供将来使用。管理收尾的主要输出是项目档案、正式接受和取得的教训。

项目档案（project archives），包括一套整理好的项目记录，提供了一个项目准确的历史。

正式接受（formal acceptance），是项目发起人或客户签发的表明接受项目产品的文件。这个过程有助于项目的正式结束，避免项目终止的推迟。

取得的教训（lessons learned），是项目经理和他们的项目团队成员经过思考写下的经验总结。这个总结可以包括引起项目偏差的原因、选定某种纠正措施的方案和不同项目管理方法和技术的应用等。

8.2.5　改进信息系统项目沟通的建议

1．保持畅通的沟通渠道

沟通有复杂性的一面，这种复杂性表现在很多方面，如在前面说的人数增加时沟通渠道急剧增加。过滤即信息丢失，产生过滤的原因很多，如语言、文化、语义、知识、信息内容、道德规范、名誉、权利、组织状态等，除此之外还出现由于工作背景不同而在沟通过程中对某一问题的理解产生差异。要最大程度保障沟通顺畅，信息在媒介中传播时要避免各种各样的干扰，使得信息在传递中保持原始状态。信息发送出去并被接收到之后，双方必须对理解情况做检查和反馈，确保沟通的正确性。项目经理在沟通管理计划中应该根据项目的实际需要，明确双方认可的沟通渠道，例如，与用户之间应通过正式的报告沟通，与项目成员之间则通过电子邮件沟通。建立沟通反馈机制，任何沟通都要保证到位，没有偏差。定期检查项目沟通情况，并随时加以调整。

2．建立高效的沟通技巧

许多信息系统项目都具有很高风险。当风险高时，冲突就不可避免。要顺利解决冲突，就需要项目经理有高效的沟通技巧。

（1）明确沟通目的。沟通前，项目经理要弄清楚沟通的目的和对方的要求。缺乏目的的沟通通常是无效的沟通。确定沟通目标的前提下，沟通的内容要围绕沟通要求的目标进行组织和规划，并根据不同的目的选择不同的沟通形式。

（2）善于聆听。沟通另外的一个重要方面是不但要听懂话语本身的意思，而且能领悟说话者的言外之意。只有集中精力去听，并积极地判断和思考，才能领会讲话者的意图。只有领会了讲话者的意图，才能达到有效沟通的目的。从这个意义上讲，听的能力比说的能力更为重要。聆听中的主要技巧有：使用目光接触和对视、展现赞许性的表示、避免分心的举动或手势、适时合理地提问和正确有效地复述等。

（3）避免无休止的争论。沟通过程中不可避免地存在争论，如技术、方法方面的争论，但在项目管理中要避免这种喋喋不休的争论。无休止的争论不但不能形成结论，而且极大地浪费时间。终结这种争论的最好办法是改变争论双方的关系。争论过程中，双方都认为自己和对方在所争论问题上地位是对等且关系是对称的，但从系统论的角度讲，争论双方形成的对称系统是最不稳定的。解决这个问题的方法在于变这种对称关系为互补关系，即必须有一方放弃自己的观点或有第三方介入。项目经理遇到这种争议时一定要发挥自己的权威性，充分利用自己对项目的影响力和决策权。

（4）使用项目沟通模板。信息系统项目的成员，很多都非常有才智但不擅长文笔，他们常发现写一份绩效报告或技术说明很吃力。为了使项目沟通更容易，项目经理需要为一般的项目沟通事项准备一些范例和模板，如项目描述、项目章程、绩效报告和口头状态报告等。范例可以使用以往项目中的好文档。这些范例和模板对于从来没有写过项目文件的人来说是很有帮助的。

（5）建立沟通基础结构。沟通基础结构是一套工具、技术和原则，为人们进行有效的信息传送提供一个基础。工具包括电子邮件、项目管理文件、组件、传真机、电话、电话会议系统、文件管理系统以及文字处理程序等。技术包括报告指导方针和模板，会议基本原则和程序、决策过程、解决问题的方法、冲突解决和协商技术及与此相似的技术。原则包括提供开放式对话的环境和遵照公认的工作道德规范。

1999 年，微软执行总裁比尔·盖茨在他写的《商业@思考的速度：使用数字神经系统》一书中建议，组织应当发展沟通基础结构或"数字神经系统"，以便在公司内部及与顾客、供应商和其他商业伙伴之间信息快速流动。

（6）使用软件辅助沟通。现在许多组织都开发出自己的信息系统用以辅助项目沟通。如 Involve、Mobile Manager 和 CSI Project。在 20 世纪 90 年代后期和 21 世纪早期，许多其他的产品被开发出来或被改进，用来解决提供快速、便利、连贯和最新的项目信息这一问题。微软 Project 2003 也有很多改善项目沟通管理的功能。

8.3　信息系统项目的冲突

8.3.1　项目冲突的定义

项目冲突，是指在项目实施过程中多个相互关联的项目要素之间存在的一种不一致、不和谐或者不协调的现象。其中的各项目要素包括项目组织、项目团队成员、项目目标、工作意图、项目实施过程和资源分配等多种具有一定的信息结构以及相关属性的信息实体或功能实体。

项目冲突的关键内容有如下 5 点。

（1）项目冲突是不同项目主体对待客体处置方式不同而产生的分歧，这种分歧包括行为、心理的对立或矛盾的相互作用状态。

（2）项目组织之间的冲突是行为层面的人际冲突与意识层面的心理冲突的复合。

（3）项目冲突的主体可以是组织、群体或个人；冲突的客体则包括既可以是具体的事物，包括资源、程序、信息、方法等；也可以是抽象的利益、权利、目标、意见、价值观、感情和关系等。

（4）项目冲突具有过程性，它是从人与人、人与群体、人与组织、群体与群体、组织与组织之间的相互关系和相互作用过程中发展而来的，它反映了项目冲突主体之间交往的状况、背景和历史。

（5）项目冲突各方既存在相互对立的关系，又存在相互依赖的关系，任何冲突都是这两种关系的对立统一状态。

8.3.2　项目冲突的表现形式

在信息系统项目中，冲突的表现形式主要有如下 4 点。

（1）人际冲突。信息系统项目最主要的资源是人，因此在此类项目中人际冲突就变得更为常见。其中主要的冲突表现形式有三方面：第一，在沟通方面，由于冲突双方误解或语义理解的困难，信息交流过程中的不充分，有时会出现在沟通过程中受到外界噪音的干扰等，这些都会造成沟通双方不能准确表达和理解对方的本意而发生冲突；第二，在组织结构方面，有时任务分工不合理，目标之间的匹配性较差，管辖范围不明确或者不同的领导风格等都会增加冲突产生的可能性；第三，在个性因素方面，由于个人价值观以及个性的差距，每个人的行为方式及态度也会有很大差异，因此个人的人际关系处理能力也不尽相同，最终导致在人际交往中存在的冲突更为普遍。

（2）设计冲突。它是系统功能设计中存在的相互对立、相互矛盾的关系。这种冲突主要是技术冲突，主要是设计结果冲突和设计目标冲突。前者主要是设计方案或设计属性之间存在着对立与矛盾的关系；后者主要是设计方案或设计属性无法同时满足一定的功能目标、可操作性目标或可使用性目标等，设计目标之间存在着冲突。事实上，由于人的参与和设计活动的智能性、创造性的特点，两种冲突在很多情况下只是同一冲突的不同表现侧面和形式，它们分别刻画了同一种冲突的客观特性和主观特征。

（3）资源冲突。由于项目本身具有有限性特征，任何项目都是在一定的时间、成本、资源的条件下进行的，所以资源的有限性必然导致项目中的资源冲突。有时多个项目并行的条件下，这种冲突表现得更为强烈。

（4）实施过程冲突。它是信息系统项目中较多地表现了信息系统项目特色的一种冲突形式。由于信息系统项目是对传统的管理过程的一种挑战，所以当项目实施时在传统工作方式与信息化处理方式上存在矛盾时，就产生了过程冲突。

8.3.3　项目冲突的来源

在一个由多数人参加的项目团队中，从项目团队组建开始，就产生冲突。冲突的矛盾是不可避免的，然而如何化解不利冲突，发挥冲突的积极效应呢？首先必须了解冲突的来源。

一般来讲，在项目团队工作中，冲突主要有以下 7 种来源。

1．项目进度

时间是各个项目争夺最激烈的资源，项目其他冲突的最终反映是进度。然而项目组成员对项目的工作完成次序和时间估计不同往往会发生冲突，这往往是由于项目经理对一些部门只有有限权力而产生的。

2．人力资源

这种冲突主要是项目组与职能部门对人力资源的争夺，当项目团队需要某方面的专业人员，而职能部门难以调配，或者同时几个并行的项目对同一专业人员争夺时，冲突随即产生。

3．项目费用

项目实施过程中，经常会因工作所需费用的多少产生冲突。由于紧张的预算限制，项目经理希望尽量减少费用，但是实际执行者则希望项目在预算中扩大其所管辖的那部分。项目费用冲突有两种可能，一种是没有足够的、专门的项目费用；另一种是项目费用被挪用而不能及时到位。

4．项目优先权

当一个人同时被分配在不同项目中工作，或者当不同人员同时需要使用某些有限的资源时，就可能产生冲突。所以，在多项目管理过程中，需要设计项目的优先级，确保重要的项目优先得到所需的资源。由于项目组织对当前的项目实施没有经验，在项目实施的过程中，随着项目数量的增多，原先设置的项目进度计划与实际相比会存在很多变化，这样就会导致冲突的产生。

5．管理程序

程序定义不清晰同样会导致冲突。每个项目都具有自己的独特性，各项目采取的管理方式必然与传统企业的职能管理程序不一致，存在冲突也是必然的。

6．个人差异

由于项目团队成员在个人价值观及态度上的差异而产生冲突。虽然个性之间的冲突可能并不是激烈的，但是这项冲突比较难处理，因为它往往被技术、沟通等所掩盖，有时技术人员之间或者技术人员与项目经理之间对于技术问题的争执，可能真正的原因是他们之间的个性冲突。

7．技术方面

在一些面向技术项目开发过程中经常遇到一些技术问题，然而不同人员对某项技术的性能要求、技术权衡和实现性能的手段存在意见，冲突便会产生。

8.3.4　项目冲突的阶段

1．潜在冲突阶段

该阶段是指冲突的萌生阶段，又称冲突的潜伏期。这一阶段冲突处于潜伏状态，主要以能引起冲突发生的一些条件的形式存在。这些前提条件并非必然导致冲突，但却聚集了冲突根源，是冲突产生的必要条件。一旦这些冲突的前提条件积聚到位，或者这些潜在的对立或不一致处理不适当时，冲突的过程就会开始。

2．知觉冲突阶段

这一阶段是指冲突的认知期，是冲突主体对冲突条件和根源（潜在冲突）的认识和感知阶段。在这一阶段，冲突双方相信他们的处境具有相互依赖性和互不相容的特征，客观存在的对立或不一致将被冲突主体的主观所意识到，产生相应的知觉，开始推测辨别是否会有冲突以及辨别冲突的类型和性质等。同时，冲突主体会在感知潜在冲突的基础上去认识和界定冲突，形成个性化的冲突认知和定性，并体验到紧张或焦虑。冲突问题与矛盾逐渐明朗化，潜在冲突向显现冲突转化。

3．感觉冲突阶段

当一个或多个当事人对存在的差异有情绪上的反应时，冲突就达到了被感觉的阶段。在此阶段冲突双方开始清楚地划分彼此界限，定义冲突问题，还会对冲突进行进一步的分析，可能还会确定自己的策略以及各种可能的处理方式。

4．显现冲突阶段

在这一阶段，冲突由认识或情感上发觉转化为行动，可能是由冲突的一方或双方公开地表达自己感觉到的冲突而引发的。此刻，冲突当事人可能会选择扩大冲突，也可能会决定对冲突进行处理。各种冲突在项目的不同阶段表现的强度是不尽相同的。

5．结果冲突阶段

经过一系列的发展变化，冲突必然会以一定的结果告一段落。冲突双方的处理方法和措施都付诸实践，冲突主体可能会成功、失败或者达成妥协，但冲突的结果并不意味着冲突的终结。一场冲突结束以后，由于双方面对的结果不同，可能会做出不同的反应，这又为下一轮冲突的产生提供了条件。

冲突的发展一般要经过以上五个阶段，但是冲突并不总是严格按照这五个阶段的固定模式发展的，而是千变万化的过程，应该把冲突看成一个动态变化的发展过程。

8.3.5　项目冲突的观念

对待冲突有三种不同的观念。

（1）传统的观念认为冲突是麻烦的制造者引起的，是坏事、是有害的，会给组织造成不利的影响，因此害怕冲突，力争避免冲突，消除冲突。

（2）现代的自然观念认为冲突是人与人之间交往过程中发生的不可避免的事情，而且是有益的，应该是可以被管理的。因此建议接纳冲突，承认其合理性，并通过辩论、寻找问题等手段来适当地激发冲突，公开观点，促进项目的有益发展。

（3）冲突的交互作用观点。强调管理者要鼓励有益冲突，认为融洽、和平、安宁、合作的组织对变革和革新是有益的，一定水平的有益冲突使会组织保持旺盛的生命力，善于自我批评和不断变革。

　　如果冲突的处理方式不当，或者其产生原因和性质具有危害性，冲突便会对项目中的人际关系、项目中组织部门的正常运行以及项目中各项工作的正常开展等产生不利影响。消极影响主要表现在以下 3 个方面。

　　（1）影响团队成员的正常发展。当项目中的成员之间产生破坏性冲突时，冲突使得人们相互攻击对抗，对冲突的强度、持续时间的担心以及对成员个人在项目利益等方面造成影响的忧虑，会给成员造成沉重的精神压力。项目成员如果长期处于紧张的精神压力下，身心健康会受到严重损害，对事物的认识和判断容易出现偏差，导致个人情绪的激动，个人行为变得不稳定，甚至在成员之间引起敌对冲突。成员之间的合作氛围受到破坏，信任度降低，工作效率下降。

　　（2）集体主义严重，决策容易步入陷阱。当冲突发生在群体层面时，冲突会使得群体利益高于个人利益之上，这时群体意识强烈，群体成员排斥异己。冲突双方在情感和行为上相互排斥，对待彼此间意见和处理方法总持怀疑和不公平的态度，很容易使正确的观点和解决方法受到曲解和否定。

　　（3）影响项目目标的实现。冲突会导致各方产生分歧和对抗，彼此失去信任，为了自身利益而忽视和影响项目的总体目标，采取极力否定，孤立对方的处理方法，这样会使项目中利益相关方的整合优势和集体优势受到破坏。尤其是当冲突使各利益相关方之间的分歧和对抗达到不可调和的状态时，最终可能导致项目目标不能顺利实现，项目各方合作关系破裂，影响组织的信誉，丧失再次合作的机会。

　　然而项目冲突不只是有消极的一面，还存在积极的一面。并要化消极为积极。

　　（1）及时发现问题，修正错误。项目冲突产生的原因主要是由于冲突主体之间差异和不一致的充分表现而造成的。冲突双方能够公开地表明自己的观点，提出自己不同于其他各方的解决方法，通过彼此的沟通和交流，了解对方的观点，发现自己的不足和改进的地方，使其具有更强的操作性、现实性、说服力。这同样也会在项目内营造一种更为和谐，更具有活力的气氛。

　　（2）增强集体凝聚力。当集体目标高于个人满意度时，集体意识就会变得很强烈，个人意识处于次要地位，集体士气高涨，促使整个集体上下一心，成员积极主动地关心团队的整体目标，便于团队的领导和管理。

8.4　信息系统项目的冲突管理

8.4.1　冲突管理概念

　　从宏观角度看，项目的实施过程实际上是一个不断发现并解决冲突的过程。项目管理者不但要能控制并消除冲突的消极影响，更需要充分利用和发挥冲突的积极影响。

　　冲突管理就是根据冲突产生的起因和根源，采取相应对策，通过消除这些起因和根源，以避免冲突的产生，或在冲突发生后采取有效的措施处理冲突的过程。

　　很多从事社会科学的研究人员将冲突管理定义为"为了实现个人或群组的目标而对

冲突进行的调解、解决活动"。

信息系统项目冲突管理的定义为：项目管理者利用现有技术和方法，对信息系统项目过程中出现的不协调现象进行处理或对可能出现的不协调现象进行预防的过程。

冲突管理有广义和狭义之分，广义的冲突管理包括冲突主体对于冲突问题的发现、认识、分析、处理和解决的全过程和所有相关工作，也就是对于冲突的全过程进行研究管理。狭义的冲突管理则着重把冲突的行为意向和冲突中的实际行为以及反应行为作为研究对象，研究冲突在这两个阶段的内在规律、应对策略和方法技巧，以便有效地管理好时机冲突。

8.4.2　信息系统项目冲突管理特征

信息系统项目的特征决定了信息系统项目冲突也有自己的一些特征。

1．高智商性

信息系统项目中的项目组人员知识结构水平较高，一般具有较高的学历水平，而且一个项目组中拥有很多专业背景的人才，因此信息系统项目冲突管理具备较高的"高智商性"。

2．不确定性

由于信息系统项目需求经常变更，定义不明确，容易产生需求模糊，功能界定不清，系统的功能要求具有很大的不确定性。

3．多样性

由于 IT 技术发展迅速，技术手段、辅助编程工具越来越多，容易产生各种技术冲突，同时信息系统产品对于每一个企业都有特殊性，因此冲突呈现多样性。

4．过程性

信息系统项目往往是严格按照流程来进行组织和管理的，信息系统项目的创新性特征决定了需要经常对传统流程进行改革，因此在实施和应用过程中都会产生来自传统势力的障碍。

5．并行性

信息系统项目管理大多是一个并行项目，分析用户需求、功能设计、编程、测试等环节在并行中会产生大量的人力、接口等并行的冲突。

6．滞后性

由于信息系统项目无体积、重量可言，整个的开发过程是不可见的，它只是一个由编码、程序组成的逻辑实体，在需求分析、功能设计、编程、测试和使用等环节的冲突具有滞后性，这给冲突管理带来较大的困难。滞后性常常转化为项目时间管理所引述的项目冲突，因此使大多数信息系统项目超过了时间估计。

7. 经常性

在信息系统项目中，冲突管理是日常性管理关键工作之一，大多数项目经理把超过20%的时间用在冲突管理上。

8.4.3 信息系统项目冲突强度分析

冲突有强弱之分，同样类型的冲突，其表现程度不同，采取的解决手段也会存在很大的差异。但是评估冲突的强弱没有数字化的可计量的模型，往往采取依据经验进行判断的方法。

项目冲突划分为外部冲突与内部冲突，其中项目外部冲突主要是指用户、咨询公司与系统开发商之间产生的冲突，项目内部冲突主要是指系统开发商内部组织中不同部门和人员之间、人员交往以及项目本身存在问题的冲突。

信息系统项目外部冲突发生的原因在于自身利益、时间和质量，因此这三者也成为判断其强度的标准。冲突的强度可分为最高级、较高级、高级、弱级、最弱级，判断的主要特征分别是如下 5 点。

1. 最高级

冲突各方对自身利益、时间和质量发生严重分歧，并且难以通过第三方调停达成和解，必须诉诸法律手段进行解决。

2. 较高级

冲突各方对自身利益、时间和质量发生分歧，但是可以通过第三方进行协调达成和解协议，并且需要责任方进行经济补偿或按照合同进行惩罚。

3. 高级

冲突各方对自身利益、时间和质量发生分歧，但是冲突各方愿意进行面对面地协商解决分歧，并且责任方向利益受到损害的一方支付小额赔偿金。

4. 弱级

冲突各方对自身利益、时间和质量发生分歧，但是冲突双发都有意愿进行面对面的沟通，双方都愿意采取措施进行补救，但是责任方并不因此而支付赔偿金。

5. 最弱级

冲突各方对自身利益、时间和质量发生分歧，冲突的影响范围较小，冲突各方都乐意进行面对面的沟通，其中受害方对责任方提出口头警告，责任方保证以后改正。

与项目外部冲突强度判断依据不同，项目内部冲突的判断强度标准主要是冲突发生之后，冲突的影响范围大小以及可以在哪一个管理层级进行解决。最高强度的冲突并不是简单的可以归为哪一类冲突，而是伴随着项目内部人员之间、资源与项目进度等一系列问题，这时候项目经理往往是不能化解冲突的，必须通过企业最高管理层进行协调。项目内部冲突强度分为最高级、较高级、高级、弱级，判断的主要特征分别是如下 4 点。

1. 最高级

冲突各方就项目目标、资源如何配置和时间分配等发生严重分歧，这种情况下的冲突必须通过公司较高管理层给予解决。

2. 较高级

冲突各方就项目目标、资源如何配置和时间分配等发生分歧，但是可以通过项目管理层解决。

3. 高级

冲突各方就项目目标、资源如何配置和时间分配等发生分歧，但是可以通过项目经理单独协调就可化解的冲突。

4. 弱级

冲突各方就项目目标、资源如何配置和时间分配等发生分歧，但是冲突的化解可以通过项目组内部自行解决。

8.4.4　信息系统项目冲突来源分析

在信息系统项目开发过程中，由于系统用户对信息系统本身不太了解，且多没有这方面的经验，因此没有足够的能力在运用信息系统进行企业信息化的过程中实现顺利转变和规避风险。咨询公司为用户进行流程的诊断和重组，提供 IT 规划及管理实施的解决方案，而系统开发商提供技术并加以实施。在大多数情况下，系统开发商往往承担了咨询公司的角色，在项目实施过程中，只存在用户与系统开发商。按常理来说两者应该是伙伴关系，都在为同一个目标（为用户开发一个适用的信息系统）工作，但是，由于各方所处立场与利益不同，或者缺乏有效的沟通，在信息系统开发项目中涉及的各方之间必然会存在不少冲突，其来自外部的冲突来源主要有如下 4 点。

（1）需求不断变更引发的冲突。信息系统项目比其他的项目更容易发生变更。由于用户对自身需要的信息系统没有明确的定位，不能准确地说明所需功能及需求，随着系统的渐渐明晰，客户需求也逐渐明朗，这就不得不导致在系统开发的过程中用户需求频繁地发生变更，导致整个业务流程设计的不断更改，咨询公司需要不断地重新估计项目的可行性并提出更改方案，而系统开发商则要不断对系统进行修改和开发。这种现象不仅会拖延整个项目的工期，影响项目目标的实现，甚至导致开发的项目失败。

（2）由于资金引起的合同冲突。在进行信息系统开发项目中，所需资金的估算往往是不可以历史数据作为参考的。由于每一个信息系统开发项目中的用户和项目经理都具有自己的独特性，因此导致整个项目的成本估算也具有一定的个性化特征，而且信息系统项目目标的实现需要通过一系列的动态活动的实施才能完成，期间项目所需的信息技术和用户的需求都在发生变化，使得整个项目过程充满了不确定因素，导致双方的成本估算往往没有一个确切的参考标准，从而引起资金冲突及合同冲突。

（3）脱离现实的期望。由于国内信息系统开发行业竞争比较激烈，客户在不提高资金的情况下往往追求理想的效果，不断地增加新的需求和功能描述，开发商为得到项目而答应用户一些脱离现实的要求和期望。在这种情况下，最终开发的产品往往不能达到用户的期望，使得项目各方关系变得更加尴尬。

（4）文化的冲突。每个企业都具有自己独特的文化，项目中涉及的参与各方因为文化的差异而产生的冲突是在所难免的。目前大中型企业特别是希望成为国际跨国集团的企业，往往会聘请国外的大型管理咨询公司及系统提供商来实施信息系统开发项目。例如，联想的 ERP 实施聘请了德勤与 SAP 两家专业的国际咨询公司，但是，国外机构虽然具有丰富的项目管理经验和雄厚的业务基础，却缺乏中国本土的文化背景，在信息化项目的实施过程中文化冲突不断。1998 年联想为了进行规模扩张和多元化经营战略实施了事业部制，为了激励事业部的总经理，联想同时又采用了模拟法人制，其会计核算方法也不是国际上通行的核算方法。这种制度原本是联想取得竞争优势的一项措施，但 SAP 的 R3 系统要求企业要么采用事业部制，要么采用法人制，SAP 资深的咨询顾问甚至对联想的这种模拟法人制感到无法理解，项目实施的结果便可想而知。

信息系统项目内部冲突主要包括两种，一类是由于技术方面原因产生的冲突，称为技术冲突；另一类是实施过程中不同利益相关方之间的冲突，称为管理冲突。

信息系统项目实施过程中的内部冲突中系统开发商内部不同部门之间的冲突是信息系统项目实施过程中冲突的主要来源。不同部门间的冲突主要存在于职能部门和项目部门之间。在信息系统开发项目中需要各个部门之间的通力合作，然而由于来自各个部门的人有着不同的专业背景和环境，对信息系统项目的观点和立场各不相同。部门之间的磨合在信息系统项目开发过程中就显得尤为重要。一般来说，如果其他职能部门在信息系统开发过程中不能全面客观地理解自身的地位和作用，同时又牵涉到部门利益关系，冲突就不可避免地发生了。其来自内部的冲突来源主要有如下 4 点。

（1）资源配置。在制订项目计划时，项目经理可能仔细地论证每项工作所需要的时间、成本和资源，但往往不可能过多地考虑各部门的利益。而职能经理则会考虑到自身部门的利益，在自身利益不受影响的前提下，才会为项目分配一定的资源，但是资源的数量往往小于项目经理所需要的数量。因此这样必然会导致项目部与职能部门之间的冲突。

（2）优先权问题。信息系统开发企业一般会存在多个并行项目，因此在资源配置时必然会存在很多冲突，所以需要确定各项目的优先级。项目需要确定工作活动的优先顺序，资源分配的优先次序。优先顺序的确定往往标志着组织对其重要程度和关注程度。技术人员的能力差距、不同项目经理权限的差别等都会增加项目冲突发生的概率。

（3）对成本问题的片面认识。成本问题也是信息系统开发项目中经常出现的一个冲突问题。在一些信息系统开发企业中，职能部门对于项目部门的运营成本往往缺乏认识，往往抱怨项目成本太高，在不清晰项目开支情况的条件下提出不切实际的削减成本措施，从而带来一定的冲突。

（4）技术问题。每一个信息系统项目都具有独特性，即使不同的用户需要同样功能的信息系统时，也应该根据用户的特征对信息系统进行用户化。因此在信息系统开发过程中需要不断地创新，期间肯定会由于决策的不同、技术方面的不可兼容性、数据错误、评价标准的不同、技术语句不通、知识表达方式不同、设计模型不一致、技术偏好不同以及过程模型的错误或失败等技术问题而导致冲突的产生。

另外，信息系统项目实施过程中的冲突还有来自人员之间的冲突，这种个体间的冲突在信息系统项目中也是不可忽视的。这种冲突有因为工作任务的原因产生的抵抗情绪，也有人员之间性格、背景、利益抵触等带来的矛盾冲突等。

临时成立的项目组人员复杂，来自不同部门的人拥有不同的背景、代表不同的利益、相互间缺乏充分的了解，冲突也就在所难免。他们之间的利益冲突比较明显。在项目实施过程中，利益冲突管理比较难，但却相当重要，在某种程度上决定了项目的成败。目前提出的"一把手实施原则"主要是针对这种冲突的，是一种靠权威来解决冲突的强迫式解决方法。这种解决方法往往具有很大的局限性，容易引起矛盾的转移，并不能彻底地解决问题。

8.4.5　冲突管理的策略

在冲突管理策略领域的研究中，最有影响力应该是 1976 年美国行为科学家 Thomas 提出的"五策略模型"。他认为发生冲突以后，参与者至少有两种可能的反映，即"关心自己"和"关心他人"。其中"关心自己"表示在追求个人利益过程中的武断程度；"关心他人"表示在追求个人利益的合作程度。于是，便产生了在满足自身利益与满足他人利益两个维度上来确定个体究竟是哪一种处理冲突策略的模型。其中要满足自身利益的愿望依赖于追求个人目标的武断或不武断的程度，而满足他人利益的愿望取决于合作或不合作的程度。于是这五个策略分别如下。

1. 合作

合作是克服分歧、解决冲突的有效途径。通过这种方法，团队成员直接面对问题，正视冲突，尽可能满足双方的利益，寻求一种"双赢"的局面。这种方法既正视问题的结局，也重视团队成员之间的关系。冲突双方倾听理解双方的差异，而且就面临的问题、面临的冲突广泛地交换意见。由于新信息的交流，每位成员对有利于双方的所有可能的解决办法进行仔细考虑。这是一个积极的冲突解决途径，需要一个良好的项目环境。在这种方式下，团队成员之间的关系是开放的、真诚的、友善的。在没有时间压力，冲突各方都渴望以双赢解决冲突，问题十分重要且不可能妥协的情况下，选择合作是最佳的。

2. 妥协

协商并寻找一种争论双方在一定程度上都满意的方案，该策略的主要特征是"妥协"，双方都有所让步。有时，当两个方案势均力敌、难分优劣之时，当希望对一项复杂问题取得暂行解决办法时，当时间要求紧张、需要一个权益之计时，妥协也许是较为恰当地解决方式，但是这种方法并非永远可行。例如，在一项信息系统项目开发过程中，某位成员认为某项活动的时间为 5 月，而上司却认为该项活动为 3 个月，经过妥协，双方都接受了 4 个月的期限，但这并非是最好的时间估算方式。

3. 强制

这种策略就是把冲突当做一种竞争胜败的局势，只考虑自身的利益，为达到目标而无视他人的利益，在冲突中获胜比勉强保持人际关系更为重要。这是一种积极的解决方式。例如，在一项信息系统项目中，技术原因会存在冲突，而往往在这个时候项目团队中的技术最高、资格最老的、职位最高的人员会采用强制执行策略。但是有时这种解决方式会产生另外一种消极的局面，人们往往会使用权力处理冲突。又例如，在项目开发过程中同样会因为上述问题引起团队成员的怨恨，恶化工作氛围。当需要对重大事件做出快速处理时或者需要采取不同寻常的活动时，可以采取此策略。

4. 回避

回避就是使深陷冲突的项目成员从这一状态中撤离出来，避免发生实质的或者潜在的争端。该策略既不满足自身利益，也不满足对方利益，试图不作处理，置身事外。这种策略往往是用于以下情况：冲突微不足道；冲突双方情绪激动而且需要时间恢复平静；为了解决冲突付出的成本大于冲突解决后获得的利益。

5. 克制

以牺牲自身利益维护他人利益，遵循"求同存异"原则，对于不同的意见力求在冲突中找到一致的方面。该策略认为，团队成员之间的关系比解决问题更重要，通过寻求不同的意见来解决问题会伤害队员之间的感情，从而降低团队成员的集体主义力量。尽管这一方式能缓和冲突，避免某些矛盾，但它并不利于问题的彻底解决。当争议的问题不重要或希望为日后的工作建立关系时往往可以采取此策略。

 思考题

1. 什么是沟通和沟通管理？
2. 信息系统项目沟通管理的过程是什么？
3. 如何改善信息系统项目的沟通？
4. 什么是冲突，什么是冲突管理？
5. 信息系统项目冲突有哪些特点？
6. 比较一般性项目冲突来源与信息系统项目冲突来源的异同。
7. 如何化解项目冲突？

第9章 信息系统项目团队与绩效管理

通过本章学习，读者可以：

- 了解项目团队与团队管理的概念及特点。
- 掌握项目团队建设的方法。
- 探讨如何打造高效的项目团队。
- 了解绩效管理的定义和特点。
- 掌握项目团队的绩效考核指标体系。
- 掌握绩效考核与绩效管理的区别。
- 掌握绩效管理的流程和方法。
- 掌握绩效考核结果的应用。

　　某学术组织为扩大学会的社会影响力，加强业务的联系和会员之间的有效沟通，决定建立一个网站，因而需要成立一个网站开发团队。该团队中有 8 个成员。其中 3 个成员负责远程工作。该团队负责调查并确定项目网站的需求、研究项目的可选方案、提出建议，在获得团队对实施方案的一致同意后，开始实施项目网站项目，并担任网管。

　　首先团队成员开了一次务虚会，即畅谈会，收集每一个团队成员对网站建设和技术方案的建设性意见。会议要求大家能够畅所欲言，保证了陈述范围的宽泛性，比如功能、成本、安全以及维护等。

　　项目团队决定使用网络授权软件来建立网站。选择使用网络授权软件（比如，微软 Frontpage、Macromidia Dreamweaver、Allaire Homesiteak 或者微软 Word）创建一个网站。确定首页和模板中提到的所有链接网页、测试网页可以开始工作后，将这些网页传送到网站上。

9.1　信息系统项目团队

　　在今天日益复杂的多国技术成熟的环境中，随着现代项目组织的发展，传统的官僚层级组织已经衰落了，取而代之的是更具灵活性和适应性的项目团队。现代项目规模越来越大，管理越来越复杂，它需要把具有不同需要、来自不同组织单位、拥有不同专业背景的个体组成一个凝聚的、积极的和具有献身精神的高效团队。特别是信息系统项目的开发，需要来自投资方、客户、开发方、分包方和设备供应方的最大限度的协作和配合，只有这样，才能保证开发的信息系统满足客户的需求，使投资方满意，保证项目的成功。

9.1.1　信息系统项目团队的定义

　　影响一个项目的成功除了资金、技术、设备外，还必须要有具有主动性、创造性和协作精神的项目团队。有效的工作团队是项目获得成功的一个关键因素。

　　团队是指在工作中紧密协作并相互负责的一群人，他们拥有共同的目的、明确的绩效目标以及科学的工作方法，且以此自我约束。

　　所谓信息系统项目团队，就是指在信息系统项目开发过程中为了实现项目目标，由分工与合作且拥有不同权力和责任的人构成的人群组合体。

　　信息系统项目团队的概念包含以下 3 点含义。

　　（1）团队必须具有明确的目标。任何团队都是为目标而建立和存在的，目标是团队存在的前提。

　　（2）进行有效的分工与合作。没有分工与合作不能称其为团队，分工与合作的关系是由团队目标确定的。

　　（3）团队要有不同的权力与责任。项目分工之后，就要赋予每个人相应的权力和责任，以便各负其责，共同实现团队目标。

　　项目团队是相对于部门或小组而言的。部门和小组的一个共同特点是：在明确内部分工的同时，缺乏成员之间的紧密协作。团队则不同，队员之间有一定的分工，彼此间的工作内容交叉程度高，相互间的协作性强。团队在组织中的出现，是组织适应快速变化环境要求的结果，是最高效的组织形式。为了适应环境变化，企业必须简化组织结构层级和为客户提供服务的程序，将不同层级中提供同一服务的人员或服务于同一顾客的不同部门、不同工序人员结合在一起，从而在组织内形成各类跨部门的工作团队。

IBM、GE、AT&T 等大公司，拥有的团队均达上百个之多。同时，为了适应环境不断变化的要求，许多企业组织开始走向合作，从而在企业之间出现了一些跨组织团队，如波音公司在开发 777 客机过程中，先后组建了 235 个团队，其中大部分团队都是由波音公司人员和其他公司人员（包括航空公司队员）共同组成，他们分别从事新机型的设计和飞机部件的制造工作，这些团队就是跨组织的团队。

项目团队是为适应项目的有效实施而建立的团队。项目团队的具体职责、组织构架、人员构成和人数配备等因项目性质、复杂程度、规模大小和持续时间长短而异。项目团队的一般职责是项目计划、组织、指挥、协调和控制。项目组织要对项目的范围、费用、时间、质量、风险、人力资源和沟通等进行多方面的管理。

由以上定义可知，简单地把一组人员调集在一个项目中一起工作，并不一定能形成团队，就像公共汽车上的一群人，不能称为团队一样。项目团队不仅仅是指被分配到某个项目中工作的一组人员，它更是指一组互相联系的人员同心协力地进行工作，以实现项目目标，满足客户需求。而要使这些人员发展成为一个有效协作的团队，一方面需要项目经理做出努力，另一方面也需要项目团队中每位成员积极地投入到团队中去。一个有效率的项目团队不一定能保证项目的成功，而一个效率低下的团队，则注定要使项目失败。

9.1.2　信息系统项目团队的特点

就如项目本身的独特性一样，没有哪两个项目团队会一模一样。但是，项目团队能否有效地开展项目管理活动，主要体现在以下 5 个方面。

1．共同的目标

每个组织都有自己的目标，项目团队也不例外。正是在这一目标的感召下，项目队员凝聚在一起，并为之而共同奋斗。对于一个项目，为使项目团队工作卓有成效，就必须明确目的和目标，并且对于要实现的项目目标，每个团队成员必须对此及其带来的收益有共同的思考。因为成员在项目里扮演多种角色、做多种工作、还要完成多项任务，工作任务的确定要以明确目标和相互关系为基础。

项目团队需要有一个共同憧憬，这是团队之所以存在的重要条件。项目团队的共同目标是共同憧憬在客观环境中的具体化，并随着环境的变化而有着相应的调整。每个队员都要了解它，认同它，并认为共同目标的实现是达到共同憧憬的最有效途径，共同憧憬和共同目标包容了个人憧憬与个人目标，充分体现了个人的意志与利益，并且具有足够的吸引力，能够引发团队成员的激情。

2．合理的分工与协作

每个成员都应该明确自己的角色、权力、任务和职责，在目标明确之后，必须明确各个成员之间的相互关系。如果每个人彼此隔绝，大家都埋头做自己的事情，就不会形成一个真正的团队。每个人的行动都会影响到其他人的工作，因此团队成员需要了解为实现项目目标而必须做的工作及其相互间的关系。在项目团队建立初期，团队成员花一定的时间明确项目目标和成员间的相互关系，可以在以后项目执行的过程中减少各种误解。

3．高度的凝聚力

凝聚力是指为维持项目团队正常运转所有成员之间的相互吸引力。团队对成员的吸引力越强，成员遵守规范的可能性越大。一个卓有成效的项目团队，必定是一个有高度凝聚力的团队，它能使团队成员积极热情地为项目的成功付出必要的时间和努力。

影响团队凝聚力的因素有：团队成员的共同利益、团队的大小、团队内部相互交往及相互合作。团队规模越小，那么彼此交往与作用的机会就越多，就越容易产生凝聚力；经常性的沟通可以提高团队的凝聚力；项目目标的压力越大，越可以增强团队的凝聚力。团队凝聚力的大小是随着团队成员需求满足的增加而加强，因此，在形成一个项目团队时，项目经理需要为最大限度地满足个体需要提供保障。

4．团队成员的相互信任

成功的项目团队另一个重要特征就是信任，一个团队能力的大小受到团队内部成员相互信任程度的影响。在一个有成效的团队里，成员会相互关心，承认彼此存在的差异，信任其他人所做和所要做的事情。在任何团队，允许有不同意见，鼓励团队成员将其思想自由地表达出来，大胆地提出一些可能产生争议或冲突的问题。项目经理应该认识到这一点，并努力实现这一点。因此在团队之初就应当树立信任，通过委任、公开交流、自由交换意见来推进彼此之间的信任。

5．有效的沟通

高效的项目团队还需具有高效沟通的能力，项目团队必须装备有先进的信息技术系统与通信网络，以满足团队高效沟通的需要。团队拥有全方位的、各种各样的、正式的和非正式的信息沟通渠道，能保证沟通直接高效，层次少，无官僚习气，基本无滞延。团队要擅长于运用会议、座谈这种直接有效的沟通形式。沟通不仅是信息的沟通，更重要的是情感上的沟通。每个成员不仅要具有很好的交际能力，而且要拥有很高的情绪商数，团队内要充满同情心和融洽的氛围。项目团队具有开放、坦诚的沟通气氛，队员在团队会议中能充分沟通意见，倾听、接纳其他队员的意见，并能经常得到有效的反馈。

9.1.3　构建信息系统项目团队的作用

信息系统项目团队的构建是基于一定的目的和要求的，因此，信息系统项目团队的构建要发挥其相应的作用。信息系统项目团队在系统开发中主要起到以下作用。

1．提高项目开发人员的凝聚力

构建一个项目团队所形成的凝聚力远比一个单纯的开发群体要强。团队的归属感、团队成员之间的互相依赖和配合是团队成员能更好地凝聚在一起的重要保证。提高项目开发人员的凝聚力，可以提高项目团队绩效，从而达到 1+1>2 的效应。

2．加强项目开发人员之间的沟通

信息系统开发过程中一个很重要的工作就是沟通。项目需求分析、工作进度计划与控制、项目变更管理等在开发过程中涉及的各项内容都需要沟通才能解决，可以说，没有良好的沟通，信息系统的开发就寸步难行。而内部沟通无论在效率还是速度上都要优于外部沟通，项目团队的内部会形成一个相对固定的、适合于自身发展的沟通模式，该模式在团队生命周期中将得到不断地完善和发展。

3．提高信息系统项目开发成功的可能性

一个良好的团队是信息系统项目开发成功的基本保证，没有成型的团队，或许也可以通过各种调度及其他方式完成项目，但这种情况下，没有人能为项目具体负责，项目的成功没有保证。而由团队执行项目，给予项目团队一定的权力，要求其承担相应的责任，可以达到权责一致，能激发其责任心，产生压力和动力，提高项目成功的可能性。

4．提高信息系统项目开发人员的稳定性

将开发人员置于一个团队的环境中，不仅能给其提供相应的开发条件和团队支持，同时也能给他一定的约束。团队文化、团队的凝聚力和向心力能减少团队成员的不正常流动，减少系统开发的人员风险。

5．有利于形成系统的开发流程

一个团队在合作过程中的行为方式、开发流程都将以一定的形式被记录下来，形成组织的过程资产。从某种角度来讲，一个完整有效的开发流程甚至要比一个优秀的开发团队更为宝贵，因为开发流程是可以复制的无形资产，可以在项目团队成员变动甚至团队解散时得以继续流传。

9.1.4　信息系统项目团队的角色

一个真正的团队是一支不断变化的、有生命力和活力的队伍，在这个队伍中有许多人在一起工作，在一起讨论任务、评估观点、做出决定，并为达到目标而共同奋斗和努力。

所有成功的项目团队都有如下基本特点：领导有力、目标明确、决策正确、实施迅速、交流通畅、掌握能按时完成任务必需的技能和技巧，全体成员共同朝一个方向努力，最重要的是找到有利于项目团队发展的最佳队员组合。

项目团队是在一个项目实施期间组织起来的一组成员，来共同负责这个项目。如建造一个新的大型信息系统，就可能需要大量的子团队、子任务以及详细计划，并对团队

成员进行严格的训练。项目的成功依赖于项目团队成员角色的定位、团队成员之间的相互理解、工作的分工协作以及良好的组织工作习惯。

1. 角色定位

要发挥团队的最大功效，有几个关键角色是不可或缺的。其中包括：队长、评论员、执行人、外联负责人、协调员、出主意者及督察。当酝酿队员人选时，必须将这些角色因素考虑进去。一支团队最重要的功能是完成手头的任务，这一点必须牢记在心。另一点是，作为团队成员，必须具备友好、坦率的性格，并且有能力也愿意与其他成员共同工作。

2. 角色分配

把所有人放到同一模式里的方法是行不通的。要找到一位完美的外联负责人或评论员是非常困难的一件事情。要尝试着让角色适合队员的个性，而不是勉强队员去适应角色。没有必要让每个人都只承担一种职责。如果团队仅有少量的成员，那么可以让一个队员扮演多个角色，只要保证能够真正满足团队的需要，同时也能让队员对自己所扮演的角色满意。

项目团队各个关键角色队员的角色特点如下。

队长：发现成员的个性特点并提高团队合作精神。对队中的每个成员的才能和个性有着敏锐的判断力。善于克服弱点，一流的联系人，善于鼓舞士气，激发工作热情。

评论员：能使团队保持长久高效率工作的监护人和分析家。永远寻求最好的答案，是分析方案、找出团队弱点的专家。坚持错误必须要改正，而且铁面无私。提出建设性意见，指出改正错误的可行方法。

执行人：保证团队行动的推进和圆满完成。思维条理清楚，是天生的时间表，预见能发生的拖延情况并及时做出预防。具有"可以完成"这种心理，且愿意努力完成。能够重整旗鼓，克服失败。

外联负责人：负责团队的所有对外联系事务。具有外交才能，善于判断他人的需求。具有可靠、权威的气质，对团队工作有一个整体了解，处理机密事务时小心谨慎。

协调人：将所有队员的工作融合到整个计划中。清楚困难任务之间的关联，了解事情的轻重缓急，能够在极短时间内掌握事情的大概。擅长保持队员之间的联系，能熟练处理可能发生的麻烦。

出主意者：维持和鼓励团队的创新能力。热情、有活力，对新主意有强烈的兴趣，欢迎并尊重他人提出的新主意。将问题看作成功革新的机会而非灾难，永不放弃任何有希望的意见。

督察：保证团队工作高质量完成。严格要求团队遵循严格的标准，有时甚至显得迂腐。对他人的表现明察秋毫，发现问题绝不拖延，并且奖罚分明。

在一个高效的团队中，成员们都清楚地知道各自所扮演的角色。但除了自身的力量、技能和担负的职责外，他们还必须为整个团队的"凝聚力"做出自己的贡献。整个团队"凝聚力"的实现则是项目经理们的职责。

9.1.5　项目团队领导及成员的职责和行为

1. 领导素质

所有的项目经理都必须有鲜明的个人特点以显示其影响力和能力。这些品质有些是内在的，例如想象力，但它们总是会表现出来的，例如很好的预见性，从而使团队成员的潜能发挥到极致。一个团队的领导者必须既是促进者，又是激励者。项目团队依靠其领导者才得以做出敏捷的决定，并不断成长。

但是作为领导不一定要全权包揽。事实上，认为自己观点最佳、能力最强的人往往在团队合作中起着反对或独断作用。有效的团队合作应该在三种领导活动之间求得平衡，使三种不同的力量并驾齐驱。这三种领导活动是：收集信息，即负责集思广益和形成文字；协调人际关系，即监督合作进程，体察成员的感受，处理矛盾；设计团队合作方法，即规定日程，确认每位成员对下次会议前应完成的任务心知肚明，通知缺席的成员，检查确保布置的任务准时完成。上面三种领导责任可以由一个人担当，在大多数项目小组合作中，这些是由三种或更多不同的人负责的。几项调查发现，一般讲话多、认真倾听并以非言语性暗示回应他人讲话者多为团队的领导。

2. 领导职责

项目团队领导者的主要任务和职责就是实现团队的目标。一个团队的领导者，应当保证团队的目标通过以下过程得以实现：选择足够的、合适的人选并参与计划的制定；召开团队会议，就团队目标和价值展开讨论；有效地组织实施，使项目资源得到最佳配置，保证项目目标的实现；迅速并准确地分析和修正失误——但始终记住，要为成功而热烈地庆祝；无论对内还是对外，都担负起代表整个团队的责任。

另一重要的责任就是保证团队的效率。可以通过以下几个方面来达到要求。确保团队所有成员都了解他们的责任所在，并接受挑战，鼓励队员为团队和其手头的工作倾其所能；监督团队工作，以确保队员朝着同一个方向努力；将团队目标设定在一个适当的层次上，以鼓励队员的士气；确保团队和队员之间责任的任何重叠，不会导致任务分派的重复。

3. 项目团队成员的职责

项目团队所有成员是否能共同努力，使团队工作达到最佳状态，这对团队来说是生死攸关的。赋予队员全部工作职责，并使他们能在为全队做出最好贡献的前提下，提高自己的工作能力。

团队成员的首要任务是做好自己的工作。在确定团队职责的前提下，通过团队职责的进一步分解，从而明确每个团队成员的具体职责，赋予团队成员达成自己目标的全部职责和权力，团队职责一定要放在个人职责之前。

4. 项目团队成员的行为

为了使团队能够协同工作，在队员之间营造一种责任感，这样他们就会尽其所能地完成所分配的工作。要做到这一点，就要有效地分派任务并监督每个队员的表现，以及整个团队的表现。这样可以增进队员之间的责任感，鼓励他们互相帮助，提高团队整体绩效。

团队中每位成员的行为具有积极和消极的双重作用，对团队的绩效会起到重要的影响。以下积极的行动有助于小组任务的完成。

（1）探究问题和意见。提问题，找出小组所掌握知识的欠缺之处。

（2）提供信息和意见。回答问题，提供相应的信息。

（3）总结。重复主要观点，将所有观点收集到一起，做出结论。

（4）评估。将团队的工作和产品同适当的标准以及目标相比较。

（5）协调。做好计划工作，汇总小组成员的意见，加强团队成员之间的协调。

以下积极的行动则会建立起对团队的忠诚，化解彼此的矛盾，使合作顺利进行。

（1）鼓励参与。显示出包容和宽容性，对成员的贡献充分肯定，吸引更多实干型人才加入。

（2）减缓压力。开玩笑，稍事休息或从事有趣的活动等。

（3）体察人心。询问成员对团队合作和活动的感受，同他们畅谈个人的体会。

（4）解决矛盾。公开探讨小组中存在的人际矛盾，共同寻找解决办法。

（5）主动倾听。使每位成员感到他们的意见有人听，而且得到了充分的重视。

下面的消极行动会损害团队的工作。

（1）反对。对建议均表示反对。

（2）独断。用命令、喊叫等方式操纵团队的运作，固执己见。

（3）儿戏。开无益于工作的玩笑，分散成员的精力。

（4）抵触。开会时沉默，不发表任何意见，不主动工作，甚至不出席会议。

有的行为既可以是积极的，也可以是消极的，这取决于采取时的具体情形和对尺度的把握。如批评意见对小组形成最佳解决方案十分有好处，但对所有的建议予以批评，而又没提出任何建设性的意见，这样必然会阻碍团队的合作。适度开玩笑可以减缓压力，在合作中充满欢乐；可太多的、不适合的笑话会给团队的工作带来困难。

9.1.6　信息系统项目团队建设

项目团队的建设是一个系统的过程，从确立团队目标开始，至团队解散为止，从头至尾要经历以下 7 个阶段。

1. 接受项目团队任务和目标

项目团队是为项目目标的产生而存在，并因目标的完成而解散，目标是团队存在的前提。因此，在组建一个团队之前，首先要明确团队存在的意义，确认团队要执行什么样的任务，明确项目团队要达到的目标，针对目标去建立合适的团队。

2. 项目团队成员的招募

一个团队是由其成员组成的，因此，确立了项目团队的目标后就要选择招募合适的人选作为项目团队成员。招募可分为内部招聘和外部招聘。

（1）内部招聘。内部招聘是指在项目组织内部或者软件公司的人力资源中，通过提升、工作调配和内部人员重新聘用等方式挑选出项目组织所需人员的一种方法。从内部招聘的人员可能对要开发的信息系统更为熟悉，可以节约大量的人员培训费用和时间，还能为公司内部的人员提供职业发展的机会，提高其工作积极性和创造力。但内部招聘会受到公司现有人力资源的限制，减少可选择的范围。

（2）外部招聘。外部招聘是从项目所在的开发公司的范围之外获得团队所需要的人力资源的方法。相对于内部招聘，外部招聘的范围更广，可选择的余地更大，而且能为公司和团队带来新的思想、新的理念。但是，外部招聘也有其弊端，首先是外部招聘的成本较高，要进行大量的培训，增加了培训费用；另外，外部招聘的风险较大，相对于内部招聘，不光是外部人员不了解信息系统项目，项目团队也不了解应聘者，可能会招募到不合格的人员。

3．项目团队成员甄选

团队成员的甄选是对应聘人员进行选择的过程，甄选的程序包括如下 3 个过程。

（1）资格审查。资格审查是对应聘者是否符合项目要求所进行的一种初步的筛选。在资格审查中，要对应聘者提交的资料进行核实，并对其进行体检。

（2）笔试。通过笔试可以考察应聘者的潜力和能力，有利于做出正确的录用决策。

（3）面试。在准备充分、设计合理的情况下，面试是一种可信度较高的甄选方式，由面试者和应聘者面对面的交流，可以对应聘者有一个更全面的、最直接的了解，获取更多的信息。

4．项目团队成员培训

培训是指使项目团队成员具备完成系统开发所必须具备的知识、技能和能力的过程。这一过程主要是以现在的培训费用的支出换取未来系统开发过程中效率的提高和差错的减少。项目人员培训不仅可以提高项目团队的工作效率，也是鼓舞士气、留住人才的有效手段。项目团队人员培训一般包括以下 4 个步骤。

（1）培训的需求分析。培训需求分析，是指通过项目的任务分析和工作绩效分析来确定人员的实际技能和要求技能之间的差距，并据此选择需要参加的培训。如果在某一专业的信息系统开发中缺乏相应的专业知识，就要对人员进行专业知识的培训。

（2）培训目标的确立。培训目标是针对培训者和受训者确定的要达到的培训目标和努力方向，为培训效果的评价确立标准和依据。因此，要给出一个明确的，可测量的培训目标。

（3）选择培训方式。按照项目开发团队和公司的实际情况，选择合适的培训方式。

（4）评价培训效果。培训结束后，项目团队和管理者应该按照事先确定的培训目标对培训效果进行评价。

5．项目团队的沟通与合作

在项目团队成员招募并甄选完成后，团队成员必须要进行必要的沟通交流，使相互之间能够相互了解和熟悉，这样才能形成有效的合作机制。项目团队构建的目的主要就是使成员之间能够在相互合作的状态下完成项目目标。

6．完成项目目标

完成项目目标可以被定义为一个过程，即信息系统项目的开发从开始到结束的一个完整过程；同时也可以被定义为一个节点，最后一个项目里程碑，即信息系统开发完成并交付的那一刻。完成了项目目标也就表示项目团队存在的使命已经完成，团队走到了生命期的尽头。

7．项目团队解散

项目目标完成后，项目团队就完成了其历史史命，失去了其存在的价值和意义。在这种情况，项目团队应该整理好相关资料，并将在合作过程中形成的过程资产和相关成果交付后宣告解散。

9.2　信息系统项目团队管理

9.2.1　信息系统项目团队学习

团队学习是提高团队成员互相配合、整体搭配与实现共同目标的能力的学习活动过程。团队学习，不仅团队整体产生出色的成果，团队成员成长的速度也比其他的学习方式更快。当需要深思复杂的问题时，团队必须学习如何萃取出高于个人智力的团队智力；当需要具有创新性而又协调一致的行动时，团队能创造出一种"运作上的默契"，如在一流爵士乐队中，乐队成员既有自我发挥的空间，又能协调一致。杰出团队也会发展出同样"运作上默契"的关系，每一位团队成员都非常留意其他成员，而且相信人人都会采取互相配合和协调一致的方式；当团队中的成员与其他团队发生作用时，能培养团队之间相互配合的能力。虽然团队学习涉及个人的学习能力，但基本上是一项集体的修炼。

团队学习的修炼要学会运用"真诚交谈"与讨论。这是两种不同的团队交谈方式。在真诚交谈时，人们自由和有创造性地探讨复杂而重要的问题，先撇开个人的主观思维，彼此用心聆听，达到一起思考的境地。讨论则是提出不同的看法，并加以辩论。真诚交谈与讨论基本上是能互补的。通常，人们用真诚交谈来探讨复杂的问题，用讨论来就某些问题达成协议。

团队可以从理论上学习，也可从实践中学习。优胜基准学习法是最早应用于企业的一种学习方法，项目团队采用此法有利于提高项目团队竞争力，有助于项目的顺利完成。

9.2.2　信息系统项目团队的工作机制

通过拟订和执行相应的工作机制，项目团队可提高其工作效率，更有效地实现团队目标。

1．以用户为中心

一个组织要想在激烈的市场竞争中求得生存和发展，关键取决于其项目能在多大程度上满足消费者的需要。同样，要发挥一个团队的作用，必须了解用户的需要，按照客户的需要进行产品的开发和设计，在规定的时间内，高质量地完成项目任务。

2. 明确目的和目标

组织应当有明确的组织目标，管理应当有明确的管理目标，项目必须有明确的项目目标。在项目管理过程中，项目团队明确团队目标，团队成员明确组织目标和个人目标，才能使每一个组织成员增强其责任感，工作将变得更主动、更有效，有利于提高工作效率，也有利于组织对团队成员进行绩效考核，做出客观、公正的评价。

3. 明确团队指导原则

这些原则反映了团队成员普遍遵循的核心或指导意见。指导原则有助于团队成员把精力集中在特定的项目上，特别是公司的最佳长远利益上。团队面临的许多问题本来都是模糊的，容易使人混淆，更难以取舍。建立和使用明确的指导原则，能使团队把精力集中在最重要的核心问题上。

4. 建立公认的限制条件

限制条件是指团队解决问题和做决定时必须考虑的约束和限制。限制条件给团队提供了不经上级批准即可直接处理问题的范围框架，特别说明了诸如资金、人力和期限的问题，旨在提供有关事宜限制的重点和解说，避免超出限制范围内且会导致公司犯严重错误的决定。

5. 有效会议和相互交流

一个团队工作的沟通和交流，往往都是通过会议形式来进行的。所以，提高会议的效率，增强会议的效果，将对团队效能起到至关重要的作用。团队应当建立科学而完善的会议制度，形成良好的开会习惯，会议应当紧凑、高效，可以采用头脑风暴法，集思广益，科学正确地做出决策，形成决议，工作应当有布置、有安排、有检查。

6. 职责分明

一个团队有效运作所担负的职责范围存在于三个级别上。第一级是懂得什么责任和知识是全体团队成员都应具备的。这些基本要素应包括诸如专门经营知识、主要人际交往技能、团队工作基本技能和工艺技术等。第二级是团队中小部分人现有的团队专门技能和知识。专门成分包括那些不适用于交叉训练，但对团队完成工作目标又是必须的任务。第三级是发展。发展范畴中确定的任务是那些团队应该精通的，但目前又无能力掌握的领域。明确划分职责有助于通过说明最小期望值，为团队成员提供工作重点，但无论如何也不应限制团队成员们在将来扩展其职责范围。

当工作项目确定后，谁应该做什么，什么时候去做都要规定得清清楚楚。要分清什么决定需要得到全体团队成员的支持，什么决定必须由个人或小组立即做出。

7. 科学的决策机制

团队成员要知道，什么时候他们有权当场做出决定，以处理客户关心的问题或紧急情况。团队成员还要能辨别哪些是需要全体参与和支持的问题，所有团队成员都应参加这个问题的讨论，对所采取的行动全体人员应意见一致。

8．解决问题的机制

任何高效率团队所具有的一个关键技能就是解决问题的能力。这条规则不仅仅是要识别问题的存在，找出问题的解决方法，而且还包括负责实施一个能完全解决这个问题的具体措施。

9．加强项目信息的管理

信息工作是项目管理的一项重要的基础工作。在项目管理中，沟通是非常重要的，如何管理项目中的信息，如何把有效的信息传播和共享，以及如何把项目实施过程中的信息及时反馈，都将对项目管理的成效产生直接的影响。所以建立有效的管理信息系统，加强项目信息管理，是项目成功的基础。

10．重新设计工作方式

在改进工作设计时，不管是内部客户，还是外部用户，团队成员首先必须非常清楚用户的要求。在明确了用户需求的情况下，一旦确认无意义附加步骤，需进一步加以审查，然后从工作流程中删除。通过删除这些步骤，整体工作程序就变得简单而又高效。

11．学习与持续发展

高效率团队能从过去经历过的事情中学到很多东西，并能迅速转化成所学知识。一个不变的准则就是学习和实践是不断取得进步的唯一手段。团队成员们要经常设计一些概念模型，共享实践经验。这些经验反映出学到了些什么，以及应用怎样用所学到的知识来解决实际问题或把握未来的机遇。

12．操作规程的不断应用和发展

公司机构是一直处于动态的、变化着的有机组织。因此，没有一个机构是一直有效运转的，或者说真正地处于最佳工作状态的。团队要定期按每一个操作规范和发展计划评估其优势和弱点，不断改进工作，使其能够持续地发展。

9.3　信息系统项目团队绩效

9.3.1　信息系统项目团队绩效的定义

绩效（Performance），在《牛津现代高级英汉词典》中的解释是"执行、履行、表现、成绩"。管理大师彼得·德鲁克（Peter F. Drucker）在《有效的管理者》一书中对"绩效"的解释是"直接的成果"。这些对"绩效"的界定本身就不很清晰，所以导致人们对"绩效"有不同的理解。

对于绩效的界定，目前有 3 种较为流行的说法。

（1）结果说。绩效结果说认为，绩效是员工最终行为的结果，是员工行为过程的产出，相当于通常所说的业绩。绩效应该与组织中能够衡量的责任、目标、任务以及能力等同起来，并通过评价员工的完成情况来判断其绩效的高低。

（2）行为说。绩效行为说认为，绩效是员工在完成工作过程中所表现出的一系列行为特征，诸如工作能力、责任心、工作态度、协作意识等。

（3）绩效是结果和行为的统一。这种观点认为：结果与行为是不可分割的，绩效是结果与行为的统一，也就是说，绩效不光看你做了什么，还要看你是怎么做的。

前两种观点均带有一定的片面性。一方面，绩效作为产出，是行为的结果，是评估行为有效性的重要方法。但行为要受到外界环境的影响，而且受到员工个体内因的直接控制，只看结果必然有失偏颇，缺少内外环境的综合考虑，对那些受各种因素影响成效不显著的员工，这种产出导向的评估会挫伤员工的工作积极性。把绩效作为产出来管理，也容易导致员工行为短期化，不注重团队合作及资源的合理配置。另一方面，绩效作为行为，在判断上似乎比结果导向更公平合理，但是缺少了目标激励，将注意力彻底分散，在对员工的要求方面产生误导，预期产出则无法实现。从现实操作来讲，单纯的行为判断尚无有效的判断标准，实施起来很困难。

9.3.2　信息系统项目团队效能

团队绩效是对团队运行的总体情况所做的描述，张小林等研究者用团队效能来替代团队绩效。团队效能是指团队实现预定目标的实际结果。而效能与成功同义，没有单一的、始终如一的衡量团队效能的标准。团队效能主要包括 3 个方面：群体生产的产量（数量、质量、速度、顾客满意度等）；群体对其成员的影响（结果）；团队工作能力的提高，以便将来更有效地工作。Cohen 将团队效能归纳为 3 类：

（1）以产出的数量和质量衡量的绩效效能；

（2）成员态度；

（3）行为产出。

对于第一类指标来说，常见的有效率、生产率、反应时间、质量、顾客满意度和创新等；而态度衡量的例子有员工满意度、对管理层的信任与承诺等；行为衡量的例子包括缺勤、离职和安全等。

9.4　信息系统项目团队绩效管理

项目绩效管理是一个综合的管理体系，涉及项目人力资源管理的各个环节和领域，是项目人力资源管理的核心。通过设计一个完整的考核和评价体系，对团队成员在项目实施过程中的绩效和业绩进行综合的考核，通过绩效薪酬对团队成员进行有效地激励，提高工作的积极性和工作效率；同时，通过绩效考核得到的信息和资料，综合分析成员的现有能力和潜力，对其进行有针对性的培训，提高工作技能和能力。

9.4.1　项目团队绩效管理内容

团队的绩效管理是依据团队成员和项目负责人之间达成的协议，来实施双向互动的沟通过程。该协议对成员的工作职责、工作绩效如何衡量，员工和负责人之间应如何共同努力以维持、完善和提高成员的工作绩效，成员的工作对项目目标实现的影响，找出影响绩效的障碍并排除等问题做出了明确的要求和规定。

绩效管理与绩效考核是不同的，绩效考核是事后考核工作的结果，而绩效管理是事前计划、事中管理、事后考核。

绩效管理的内容包括绩效计划，绩效沟通，数据分析，绩效考核，薪酬管理，人事决策与调整等，如图 9-1 所示。

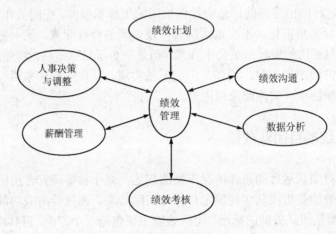

图 9-1　绩效管理的内容

绩效管理的过程大致分为这样 6 个步骤。

1．绩效计划

第一步：准备。绩效管理应该同项目的其他过程联系起来。为了达到这个目的，项目经理和成员都必须熟悉项目的目标，这些都是可以在会见以前完成的。同时，项目团队成员可以单独做出工作描述。

第二步：会见。会见是绩效计划的核心阶段。项目经理和团队成员讨论工作的分工、工作的职责和工作目标与计划。成员本人是从事该工作领域的专家，因此在制定绩效计划的过程中，项目经理与团队成员之间是一种相对平等的伙伴关系，他们共同协商，并在项目经理的介入下由团队成员自己来制定衡量成功的标准。项目经理应该在大的项目目标、团队成员与其他成员配合以及成员如何适应团队的需要方面发挥作用，这也是项目经理应该发挥作用的主要地方。由于是项目经理引进的绩效计划，所以项目经理有必要在会见时创造一个真正的对话和友好协商的工作气氛。

第三步：敲定计划。这时，项目经理和成员要堵塞可能的漏洞，并就目标和标准等问题进行确定并签字。

2．绩效沟通

绩效沟通是一个双方追踪进展情况、找到影响绩效的障碍以及得到使双方成功所需信息的过程。作为激励手段的绩效管理也应遵循人性化的特征，不管成员等级高低，年龄大小，团队成员都是平等的，这是一种服务和支持的关系。基于这种认识，经理要从心的沟通开始，关心尊重成员，与成员建立平等的关系和亲切的感情，在实现目标的过程中为团队成员清除人、财、物等方面的障碍。双方成员共同探讨在组织中的发展和未来的目标。这种人力资源管理的魅力就是公司的效率和利润。持续的绩效沟通能保证项目经理和成员共同努力，及时处理出现的问题，修订工作职责，上下级在平等的交往中相互获取信息、增进了解、联络感情。

3. 数据分析

如果把绩效管理看作是一个解决问题过程，仅仅依靠感觉能否达到期望的效果？答案是否定的。必须依靠数据进行必要的决策，观察成员的行为。数据收集是一种有组织的系统收集有关绩效方面信息的方法。观察是一种收集数据的特定方式，通常是由项目经理亲眼所见、亲耳所闻，而不是从别人那里得知的。

项目团队进行数据收集和观察的目的是为了解决问题。跟踪和记录信息以防丢失，而且满足随时需要。这些信息可以包括数据、项目经理的观察以及与单个员工就绩效问题的讨论记录，以此做成文档。通过收集的数据和记录的文档，可以为决策提供有关成员绩效的记录，及时发现潜在的问题，对出色的员工进行表扬，以提高员工的积极性。

4. 绩效考核

项目团队的绩效考核可以根据具体情况和实际需要进行月考核、季考核、半年考核和年度考核。工作绩效考核是一个按照事先确定的工作计划和目标及其衡量标准，考核项目团队成员实际完成绩效情况的过程。考核期开始时签订的绩效合同或协议，一般都规定了绩效目标和绩效测量标准。绩效合同一般包括：工作描述、团队成员认可的工作目标、考核指标与标准、衡量方法、奖惩与沟通等。绩效合同是进行绩效考核的依据。绩效考核包括工作结果考核和工作行为考核两个方面，其中，工作结果考核是对考核期内团队成员的工作目标实现程度的测量和评价；工作行为评价的工具是工作行为评价问卷，该问卷以工作岗位要求的胜任特征模型中所包括的胜任特征维度编制而成，由成员本人及项目经理、同事、客户等对被考核的员工在考核期内的可观察的具体行为进行等级评定。

5. 薪酬管理

薪酬管理制度应具有激励性。在一些项目组织中，员工个人收入中的固定部分所占比例过大，而与绩效挂钩的浮动部分所占比例过小。这在一定程度上造成了不管员工干多干少，干好干坏，其收入相差很小的现象。有些项目组织没有将员工的收入与其绩效联系起来，还有些在年初也制定了计划和奖罚办法，但是在随后的工作中又随意进行修改，年终也没有完全兑现。这些都使得薪酬不能有效地成为对员工进行激励的因素。

因此，项目团队的薪酬管理应该与项目团队成员的工作绩效密切挂钩。项目经理可以通过手中掌握的项目团队的"财权"对干得好的成员进行奖励，而且要做得公平、公正、透明度高。公平的报酬是项目团队成员取得高绩效的潜在动力。

6. 人事决策与调整

通过前面几个阶段的工作可以发现，绩效管理工作有哪些成绩、哪些优势需要继续保持和发扬，有哪些不足和失误需要改进，要进行认真的总结和分析，对现有的政策进行修订，对成员的工作进行调整。

　　项目团队成员有时希望从工作本身得到回报。项目经理可以根据员工绩效考核的结果和反映的工作能力，通过调整项目团队成员的工作来达到激励成员的目的。比如，向优秀的项目团队成员提供更富有挑战性的工作，或是送团队成员参加一些专业技术培训、年会等，以此提高团队成员的工作满意度，进而提高成员的工作绩效。

9.4.2　信息系统项目团队绩效管理方法

　　项目绩效管理的主要方法有很多，大部分都已经在管理实践中得到了运用。常用的方法主要有以下 5 种。

1. 目标管理法（MBO）

　　"目标管理"的概念是 1954 年管理专家德鲁克在其著名《管理实践》中最先提出的，其后他又提出"目标管理和自我控制"主张。德鲁克认为，并不是有了工作才有目标，而是相反，有了目标才能确定每个人的工作。所以"使命和任务，必须转换为目标"。如果一个领域没有目标，这个领域的工作必然被忽视，因此管理者应该通过目标对下级进行管理。当高层管理者确定了组织目标后，必须对其进行有效分解，转变成各个部门及个人的分目标，管理者根据分目标的完成情况对部门和员工进行考核和奖惩。

2. 关键绩效指标法（KPI）

　　关键绩效指标，是对公司及组织运作过程中关键成功要素的提炼和归纳，是通过对组织内部某一流程的输入端、输出端的关键参数进行设置、取样、计算和分析，是衡量流程绩效的一种目标式量化管理指标，是把企业战略目标分解为可运作的远景目标工具。

　　关键绩效指标法遵循 SMART 原则，即具体的（Specific）、可测量的（Measurable）、可实现的（Attainable）、实际的（Realistic）、有时间限制的（Time-bounded）。

3. 平衡记分卡法（BSC）

　　平衡记分卡是由哈佛商学院的罗伯特·卡普兰（Rlbert S. Kaplan）教授和诺朗诺顿研究所所长戴维·诺顿（David P. Norton）发明的。它是从企业的战略目标出发，从财务、客户、内部运营及学习与发展四个方面来设定有助于达成企业战略目标的绩效管理指标，是对企业战略目标进行综合评价的一种方法，是对企业各部门和员工的绩效进行评价和引导，共同实现企业战略价值的一种管理体系。

4. 360 度绩效考核法

　　360 度绩效考核也称为全视角考评（full-circle appraisal）或多个考评者考评（mutilator assessment）。就是由被考评者的上级、同事、下级和客户（包括内部客户、外部客户）以及被考评者本人担任考评者，对被考评者进行 360 度的全方位考评，再通过反馈程序，达到改变行为、提高绩效等目的。目前，360 度考核主要应用在对员工的评价，对中层管理者的评价效果特别显著。

5．关键事件法

关键事件法是通过即时性观察和书面记录员工工作成败的关键事实进行绩效考核的一种方法。

9.4.3　信息系统项目团队绩效管理指标

1．效益型指标

效益型指标是用以判断项目团队的最直接产出成果的价值，即项目团队的交付物（deliverables）满足业主要求的程度。所谓交付物，是指任何可衡量的、有形的、可证实的产出、结果或项目。每一个项目团队均有其业主，是项目团队成果的使用者和所有者。项目团队的业主最关心的是项目团队交付物在数量、功能和时间等方面能否满足要求。这里需要特别指出的是，由于项目团队成果的创造性特点，在明确项目团队的效益型指标时，分清业主的要求（requirements）、需要（needs）和期望（wants）之间的差异十分重要。所谓要求是指业主以正式形式（尤其是以文字形式）明确提出的对项目团队成果的定义；需要是业主要达到其目的所必需的、但业主不一定能够定义清楚或不一定需要依靠该项目团队来实现的东西；而期望是业主的一种心理需要或理想。对于项目团队的绩效契约来说，需要满足的是能够并以正式形式定义清楚的要求，而不是需要或期望。效益型指标是判断项目团队在多大程度上做了正确的事。要量化效益型指标，关键在于能够明确定义项目团队任务的根本目的。当目的能够明确定义时，根据该定义中的关键词，能够得出该类指标的量化方法。人们常常有一个误解，即硬性任务（如销售）的绩效标准较易量化，而软性任务的绩效标准则难以、甚至不可能量化。事实上，困难不在于如何量化，而在于如何定义任务的目的，即定义交付物的目的。在此过程中，尤其要避免将为得到交付物而采取的过程或任务活动的工作量等误认为交付物本身。有人认为"评估"就意味着数学形式，其实并非如此。只要能够得到有关项目团队结果指标的数据，帮助项目团队的利益相关方认清情况，该指标就是有用的。

2．效率型指标

效率型指标，是指项目团队为获得其效益型指标所付出的成本，也即业主为获得满足而付出的直接代价与项目团队所产出的价值之间的比例。对项目团队的利益相关方来说，投入和产出是不可分割的。业主要获得项目团队的成果，使其要求得到满足，只能是在合理的投入范畴之内；对项目团队的成员来说也同样如此。尽管这种合理范畴的大小因人而异，但为此付出的代价却一定是有其承受限度的。效率型指标是为了判断项目团队以什么代价将该做的事作对了。相对其他类型的绩效指标，效率型指标是比较容易量化的，要注意的是在该类指标的量化过程中，关键在于定义清楚利益相关方为获得各自的满足而付出的直接代价。

3．递延型指标

项目团队是动态的、临时的，会在将交付物提交给业主后结束，或在此之前由于效率等原因而被迫终止。然而，这种动态的、临时性的项目团队对项目团队业主的影响却可能是长远的，对项目团队成员的影响也可能是长远的。换句话说，成功的项目团队至少要让三种人，即业主、项目团队发起人/出资者和项目团队成员感到满意。项目团队的交付物对业主、发起人/投资者的作用生命期越长、项目团队工作对项目团队成员的正面的、有益的影响越久，项目团队越成功。简单说来，递延型指标是指该项目团队的交付物及项目团队运作对业主、发起人/投资者未来影响的程度及对项目团队成员未来发展的影响程度。这是一种面向未来的指标，量化的出发点是要定义清楚什么会对项目团队利益相关方的发展产生影响。如果绩效衡量仅仅是对历史结果的评价，那么对项目团队的绩效管理而言就太短视了。递延型指标是一种个性化指标，它可以不包含在项目团队的绩效协议中，但每个项目团队的利益相关方都可以从这种指标中判断出项目团队对其真正价值，从而可以为未来决策提供参考依据。效益型指标判断项目团队的交付物对业主的直接价值，而递延型指标则用来判断这种项目团队运作的结果或过程对于各个项目团队的利益相关方未来的价值。

4. 风险型指标

由于项目团队承担的是创造性工作，能否取得成功充满着不确定性。风险是项目团队的影子，每个项目团队都存在风险因子，即在项目团队运行及项目团队交付物中存在着"做好了不一定给项目团队带来益处、但做差了则会给项目团队带来损失"的因素。所谓风险型指标是指判断这些风险因子的数量和对项目团队成员及项目团队交付物的危害程度的指标。可以看出，这是一种惩罚性指标，这种指标的分值越大，项目团队越应该受到惩罚。尽管项目团队的绩效契约是结果导向的，在以上四类指标中，对效益型、效率型、递延型指标的评价均为事后评价，即根据项目团队在一个考评周期内的结果与基准值进行比较来评价。风险型指标则不然，它是一种运作过程判断指标，也即对绩效契约中所规定的"达到目标的原则、方针和行为的限度"等遵循程度的评价。项目团队的风险识别、风险分析的目的是为了采取风险对应措施，提高项目团队实现目标的可靠程度。该类指标的量化过程实际上是一个风险识别和风险分析过程。

9.4.4　信息系统项目团队绩效管理结果的应用

1. 用于改进系统开发工作流程

通过对项目团队的绩效管理，可以发现现有开发流程中存在的错误和弊端，经过系统分析进行改进。

2. 用于项目团队成员的激励

绩效管理考核的结果是进行员工激励的主要依据，对优秀员工的奖励和对落后员工的惩罚能够激励员工的进步。

3. 用于团队成员职业生涯规划

通过对累积绩效考核结果的分析，能够发现员工的潜能和兴趣所在，辅助员工制定长远的职业生涯规划，创造员工自我表现的平台。

4. 与项目团队成员的薪酬挂钩

薪酬是所有成员普遍关心并对团队成员产生重要影响的激励因素。把团队成员的工作绩效与其薪酬挂起钩来，能够最大限度地调动团队成员的工作积极性，提高团队的工作效率和效益。

5. 作为团队成员培训的重要依据

培训是人力资源工作的重要内容。培训应在绩效分析的基础上，找出工作中的不足，并对相关人员进行有针对性的培训，可以提高团队成员的工作技能和综合素质，满足项目的需要。

 **思考题**

1. 项目团队的特点是什么？
2. 如何打造高效的项目团队？
3. 什么是绩效和绩效管理？
4. 简述绩效考核与绩效管理的区别。
5. 绩效管理的方法有哪些？如何运用？
6. 平衡计分卡如何在项目绩效考核中应用？

第 10 章　信息系统项目验收、移交与维护

通过本章学习，读者可以：

- 了解信息系统项目验收和移交的内容。
- 了解信息系统项目验收和移交的准备工作。
- 掌握信息系统项目验收和移交的操作程序。
- 掌握信息系统项目验收和移交的方法与技巧。
- 掌握信息系统项目验收和移交中存在的风险。
- 掌握信息系统项目维护的内容。
- 掌握信息系统项目软件方面维护的类型。
- 掌握信息系统项目网络方面维护的内容。
- 掌握信息系统项目人员培训的改进方式。
- 了解信息系统项目后评价的重要性。
- 掌握信息系统项目后评价的方法与技巧。

　　A 公司是一家国内中型 IT 系统集成公司，有多年的行业系统集成经验。通过多年的经验积累和管理探索，建立了一些项目管理流程和项目管理信息系统。在一次大型项目的验收阶段，公司副总任命 James 为本次验收的负责人，来组织和管理整个验收过程。James 接到项目任务后，得知必须在 15 天内完成，随后立即召集了商务部、售后技术部、销售部、客服部和质量部等相关部门，进行了一次项目内部验收说明会，并把各自的分工和进度计划进行了部署。然而，在验收前三天进行验收文件评审时，发现技术方案中所配置的设备在以前项目使用中是有问题的，必须更换。James 和技术人员经过加班加点，终于更换完成。到了正式验收会上，James 又遇到了一点麻烦，系统的性能标准和项目投标方案中写的不一致，影响了验收结果。不过还好，项目最终通过了验收。根据公司流程，James 把项目移交给了售后服务部门，由他们具体负责项目的维护。

　　售后服务部门接手后，Bob 被任命为维护项目经理，负责项目的维护工作。Bob 发现由于项目验收自己没有尽早介入，许多项目验收的事情都不很清楚，而导致后续跟进速度较慢，影响系统的正常运行。同时，Bob 还发现设计方案时，售前工程师没有很好地了解用户需求，也没有书面的需求分析调研报告。在接手项目后，必须重新开始了解用户需求，并跟踪系统现有功能的运行情况，以确认系统是否满足用户的使用要求。这样无形中增加了维护难度和维护成本。

　　由于售后和售前是两个独立的部门，在项目验收完毕后，没有一套明确而完善的项目总结和闭环的问题分析和关闭流程，导致许多项目中重复出现相同或类似的错误或失误（包括：技术方面和商务方面），进而导致投标失败、项目成本较高、项目执行中困难重重、用户满意度较低等诸多风险。

10.1　信息系统项目验收的内容

　　项目验收要核查项目计划规定范围内的各项工作或活动是否已经全部完成，可交付成果是否令人满意，并将核查结果记录在验收文件中。如果项目需求没有全部完成而提前结束，则应查明有哪些工作已经完成，完成到了什么程度，哪些工作没有完成并将核查结果记录在案，形成可供以后查阅的文档。信息系统项目完整的验收内容应包括：

（1）信息系统的功能、性能、操作方便性均达到了客户要求；

（2）所商定的可交付成果已实现；

（3）所有测试已完成；

（4）培训资料已备齐；

（5）设备安装完毕并投入使用；

（6）产品使用手册已完成；

（7）相关员工的培训已完成。

　　所有的完成标准应参照项目双方共同认定的系统需求说明书中所定义的项目范围和产品质量的尺度进行衡量，否则将产生争执。

　　下面具体说明每个验收项所包含的内容。

1．系统功能

根据系统需求说明书对信息系统的每一个功能进行实际操作和演示，检查系统各项功能是否实现，整个产品是否准确达到了项目客户的预期要求。

2．系统性能

系统性能检验主要是对整个信息系统的运行效率，如系统处理数据的速度、系统响应用户操作的速度、系统完成各项业务处理的速度、系统对于硬件资源的占用率等进行考核。

3．系统数据

检查信息系统的所有初始数据是否准确，系统数据库的内容、结构、质量是否完善。

4．系统可靠性

检测系统是否具备检错能力、容错能力、自动恢复能力，以及当系统出现断电等意外情况时，系统对于正在处理的数据是否能进行恰当的保护等。

5．系统安全性

检测系统对外界非法用户入侵的抵御能力和系统对数据的安全保护能力。如系统对用户权限的安全粒度划分，系统的备份功能，以及系统的日志管理功能等。

6．系统的易操作性

检测系统用户界面的友好性、联机帮助的方便性、系统操作的简便性。

7．系统文档的完整性

最终随信息系统产品一起交付的系统文档应当包括可行性研究报告、需求说明书、测试报告、用户操作手册等。要求各文档应描述准确，表达清晰，排版规范，通俗易懂。

10.2　验收及移交前的准备工作

验收是控制整个信息系统项目交付质量的"最后关卡"。如果用管理学上的"80-20理论"来解释，虽然这个环节所用时间只占整个项目计划时间的20%，但它却对前述占据整个项目团队80%的工作成果进行审核。在某些时候，这20%的工作量甚至将对整个信息系统项目的成败产生极其重大的影响。

信息系统项目的验收和移交是个事务繁多、涉及面广的环节，如果要想在这一环节保持高效、优质和低成本，最好事先进行充分的准备工作。信息系统项目移交前的准备工作主要包括以下内容：

（1）做好项目的收尾工作。当项目接近尾声时，大量复杂的工作已经完成，但还有部分剩余工作需要耐心细致地处理。一般情况下，遗留的工作大多是分散的、零星的、工作量小的棘手工作。同时，临近项目的结束，项目团队成员通常有松懈的心理，因而，对项目工作的热情不如项目开始时高涨。这些现象是正常的，这就要求项目负责人应把握好全局，正确处理好团队的情绪，保质保量地将收尾工作做好，做到项目的善始善终。

（2）准备好项目验收材料。项目验收的重要内容之一就是项目的配套材料，因而，项目团队在项目的实施过程中，就应不间断地做好各种项目文件的收集工作，编制必要的图样、说明书、合格验收证、测试材料（包括相关的记录、测试报告等）。当项目准备验收时，再将分阶段、分部分的材料汇总、整理、装订入档，形成一套完整的验收材料。准备一套清新、完整、客观的项目材料是项目验收的前提，也是顺利通过项目验收的必要保证。

（3）自检。项目负责人应组织项目团队，在项目成果交付验收之前，进行必要的自检、自查工作，找出问题和漏洞以尽快解决。

（4）提出验收申请，报送验收材料。项目自检合格后，项目团队应向项目接受方提交申请验收的请求报告，并同时附送验收的相关材料，以备项目接受方组织人员进行验收。

通常，在准备正式提交项目成果之前，应尽量邀请项目客户和监理方提前介入，由三方（项目委托方、项目承包方、监理方）共同及早发现问题并及时解决，请参见图 10-1 "项目收尾阶段的主要参与人员"。如果有个别问题在验收前还未能解决，要争取同意将其列入遗留问题，以求不致因此而延误验收。当然，根据实践观察，大多数的项目客户方总是不太希望提前验收的。

也许会有疑问："充分准备好的标志是什么呢？"。答案其实很简单：就是整个项目团队都觉得已经水到渠成了。全体项目团队成员应做到心中有数的是，整个信息系统产品已得到了各利益相关方的认可，其提出的所有问题都已得到了妥善的解决。到了这个程度，验收环节对项目双方来说，就真正只是一个形式问题了，双方代表在确认书上签字，然后共同庆祝胜利。

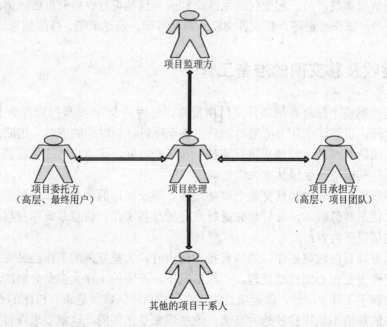

图 10-1　项目收尾阶段的主要参与人员

10.3　验收及移交的操作程序

10.3.1　选择恰当的结束方式

　　信息系统项目的验收与移交这一步骤会受到几方面因素的影响，包括信息系统项目的规模与类型、项目团队与客户工作的协调程度。一些定义明确的项目，在签约时就可预知其明确的结果，因此，对于这类项目，结束阶段一般较为直接，所需时间也较短。

　　然而，对于一些重大的信息系统集成与实施项目，由于结局较难确定，因而需要一个较长的结束期。对这类项目而言，成功的验收与移交可以有很多种方式，并且通常需要做更多的工作。

　　一般来说，选择恰当的结束方式需要做好下列工作：

　　（1）与客户讨论该项目验收之后的工作步骤；

　　（2）提出适宜的问题、分析环境、确认客户的需要和可能的新增项目；

　　（3）在适当的时间公布项目结束；

　　（4）要及时发现协作工作中出现的负效应。

　　客户与团队应该为随后的工作拟定一个提纲并确定参与这些工作的人员。如果系统目标没有实现，项目团队与客户需要重新定义存在的问题或者设计新的备选方案。即使信息系统目标已经实现，项目同样可能需要完成一些额外的或相关的工作。在这种情况下，双方便进入寻找新的需求、订立新协约的步骤。

　　可以把验收移交活动看成一系列前后衔接的工作步骤，但实际上，这些步骤都是相互重叠的，与客户订约就是一个持续的过程。当项目团队完成了一个项目或其职责发生了改变以后，可能会因为接下来的其他项目而与客户订立新的协约。

10.3.2　制定验收计划

　　在确认项目已完全符合验收条件后，应制定验收计划并逐步实施。一个完整的信息系统项目验收计划应包括：

　　（1）时间进度；

　　（2）评估内容；

　　（3）软件/硬件环境构建；

　　（4）验收准则；

　　（5）双方出席的人员。

　　整个信息系统项目验收及移交的主要程序如图 10-2 所示。

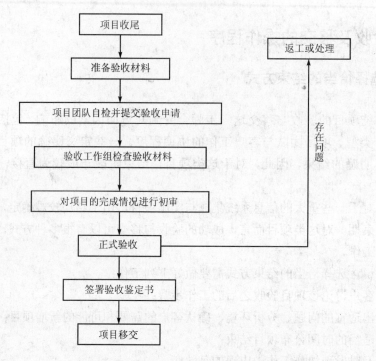

图 10-2　信息系统项目验收及移交的主要程序

10.4　项目的移交

在对信息系统的验收完成后，整个项目正式进入移交阶段，这通常是一段持续时间较长的令人兴奋而又痛苦的"磨合期"。信息系统项目的移交不仅包括信息系统产品本身的安装与调试，有时还包括整个硬件与网络平台的搭建、系统初始数据的导入、新旧系统之间的平稳切换、信息系统用户的操作培训等。这一过程最终结束的标志就是将整个系统的控制权和使用权完全交给了用户单位。

10.4.1　系统切换

切换就是用户逐步停止使用旧系统，转而全面使用新系统的过程。如果留意过运动会中的接力赛游戏项目，就会发现这两者的操作过程竟然如此地相像。在接力赛中，当前一个运动员准备交棒给下一个运动员的时候，并不会突然地停下来完成交棒，通常他会辅助下一个运动员跑一段路，在这个过程中完成交棒，以此达到整个交接过程的顺畅。

信息系统项目的切换过程亦是如此，项目承包方十分有必要"和项目客户共同跑一段路"，以达到整个交接过程的顺畅。在系统切换过程中，需要考虑以下因素。

（1）切换负责人。谁来做决策？通常是客户，但并非总是这样。要和客户事先明确这个问题。

（2）运行负责人。谁负责在切换时运行系统？是项目团队还是客户，或者两方？

（3）恢复选项。几乎所有的系统都应该在设备失灵、人为失误等意外情况发生时有健壮地恢复程序。当然，项目团队也可以进行恢复，退回到定义和设计过程中去。但现在最重要的是，要让客户——信息系统管理人员了解如何使用恢复功能。

（4）预演。如果你被告之，你今年的升迁将取决于明天早上在篮球场里你是否能够连续五次罚球成功，你会怎么做呢？毫无疑问，你会离开办公室，到球场去练习罚球。不仅是你，迈克尔·乔丹也会做同样的事情。

如果你要做快速切换——关闭旧系统，启动新系统，而且不再回退，你难道不应该对所有步骤做练习以核实其有效性吗？要确保你和你的客户留出预演的时间，还要确保那些必要的人员，你的团队和用户，准备为预演投入时间。

10.4.2　切换策略

完成信息系统的切换过程，一般有 3 种方法，如图 10-3 所示。

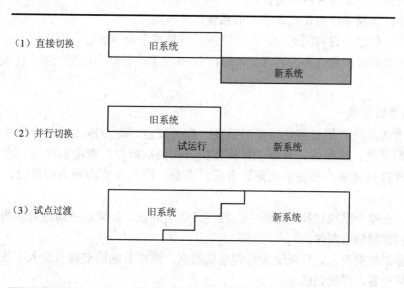

图 10-3　信息系统的 3 种切换方式示意图

1．直接切换法

在某一确定的时刻，旧系统停止运行，新系统投入运行，新系统一般要经过较详细的测试和模拟运行。

这种方式的优点是转换简单、费用最省。但是由于新系统还没有承担过正常的工作，可能出现意想不到的情况，因而风险大。考虑到系统测试中试验样本的不彻底性，一般只有在旧的系统已完全无法满足需要或新系统不太复杂的情况下采用这种方法。同时，在实际应用中，要有一定的措施，一旦新系统出现问题，旧系统能顶替工作。

2. 并行切换法

如果认为直接切换太过冒险，就可以采用并行切换。并行切换意味着新系统投入运行时，旧系统并不停止运行，而是与新系统同时运行一段时间，对照两者的输出，利用旧系统对新系统进行检验。Robert Townsend（1970）曾有一段关于系统并行的话：

"无论专家怎么说，永远，永远不要在没有进行足够的并行情况下让原来的手工工作自动化。一旦有怀疑，就要停止自动操作。而且直到组织中的一般工作人员都认为自动系统工作正常后再停止手工操作。我没听说过一个公司因为自动系统太慢而受到严重损害，但是确实有一些过早计算机化造成公司破产的经典案例。"

Townsend 的观点在替换自动功能的时候也适用。使用系统并行方法时，客户有着最大的灵活性。客户可以立即使用新系统的输出结果，也可以在任何时间内恢复使用旧系统。可以让用户经常检查新系统和旧系统是否产生一样的结果，以此建立对新系统的信心以及加深对新系统的熟悉程度。

并行切换法一般可分两步进行。

第一步：以新系统为正式作业，旧系统作校核用；

第二步：经过一段时间运行，在验证新系统处理准确可靠后，旧系统停止运行。

并行处理的时间视业务内容而定，短则 2～3 个月，长则半年至一年。转换工作不应急于求成。

3. 试点过渡法

先选用新系统的某一部分代替旧系统，作为试点，逐步地代替整个旧系统，直到全部代替旧系统。这种方式避免了直接转换方式的危险性，费用也比平行方式省。但是这种方式接口复杂，必须事先充分考虑。当新、旧系统结构较为相近时，可以采用这种方式。

最后，在整个系统切换的过程中，应注意以下问题。如果这些问题解决得好，将给系统的顺利切换创造条件。

（1）新系统的投入运行需要大量的基础数据，这些数据的整理与录入工作量特别庞大，应及早准备、尽快完成。

（2）系统切换不仅是机器的转换、程序的转换，更是人工的转换，应提前做好人员的培训工作。

（3）系统运行时会出现一些局部性的问题，这是正常现象，系统工作人员对此应有足够的准备，并做好记录。

（4）系统只出现局部性问题，说明系统是成功的；反之，如果出现整体的问题，则说明系统设计质量不好，甚至整个系统要重新设计。

在实际工作中，这几种方式可以混合使用。例如，系统中不很重要的部分采用直接切换方式，重要部分采用并行切换方式。这样，各种方式取长补短，可使旧系统平稳地过渡到新系统。

10.4.3　数据转换

　　无论你是在 1 杯香槟中倒入 1 罐脏水，还是在 1 罐脏水中倒入 1 杯香槟，你得到的都将是 1 罐脏水。

　　如果不对初始数据进行严格审查，那整个信息系统就是"Rubbish in，Rubbish out."

——SAP 集团 CEO

　　通过上面的提醒，你可以看到在系统切换过程中对系统采集的原始数据进行严格审查把关以确保整个信息系统数据分析处理的质量有多么重要。在系统转换过程中，必须认真做好如下几项工作。

　　（1）要和转换小组以及客户讨论所有的这些问题，而且会发现使用图表能让讨论更加有效。数据转换中，最好的沟通和文档工具就是流程图。流程图的有效性在于每个人都知道如何阅读密切协作过程。配备了流程图和相关数据库的表结构设计，就能够证明可以将每个数据要素从其数据源正确地转换到目标库，并且在这个过程中，任何的确认与转换都能在正确的点上进行。

　　（2）数据的整理和转换。要把旧系统转换为新系统，首先必须把旧系统的有关数据转换到新系统中。为此，必须把旧系统中的不完整、不规则的数据，进行加工整理，使之成为符合新系统要求的规范化格式。具体工作包括整理历史数据，进行数据的格式化，对数据进行分类、编码等。

10.4.4　用户培训

　　一个信息系统成功与否，关键在于实施后是否达到设计的效果，而使用者能否熟练使用将直接决定系统实施的效果。因此，对用户的培训是项目进行中一个不可忽视的重要环节。针对不同的使用者，有必要进行安装、使用、维护、管理等不同方面的系统培训，以期达到信息系统设计的实施效果。

　　对用户培训主要包括以下工作：

　　（1）针对不同的使用者定制不同的培训内容；

　　（2）培训结束由用户填写验收单，注重用户的培训反馈。

10.4.5　相关文档提交

　　在完成信息系统项目移交时，需要伴随移交的相关文档主要有：

　　（1）主数据报告：系统的参数设置和系统配置，系统的用户权限设置手册等；

　　（2）用户操作手册：用户操作手册是指导用户如何操作系统的步骤，最好能为用户提供配有插图和文字的向导性使用说明；

　　（3）技术维护文档：对整个信息系统维护的相关说明，通常提供给信息系统的管理员使用。

10.4.6　验收与移交中的潜在风险

在软件开发中的大多数管理问题中，存在着太多的可能性。最好不要靠感觉来进行猜测，即使你认为有完美的信息也是如此。

——Russell L.Ackoff

信息系统不同于其他的应用软件，它的交付绝不仅是产品的简单安装，更主要在于实施和服务的过程。整个系统的交付就是一个系统工程，它对企业用户的组织结构、业务流程、人员设置等方面都可能产生深刻的影响。到位的交付，不但要帮助企业把系统搭建好，更要帮助企业把系统使用好，让信息系统真正为企业带来效益。

正是由于整个信息系统交付过程的复杂性，决定了信息系统项目交付过程中存在许多显性的或潜在的风险，对于这些风险，应很好地去分析和把握。

1．信息系统开发过程中已经潜藏的风险

（1）对用户真实需求的曲解或不完全理解；

（2）项目客户不断变化的要求；

（3）信息系统开发过程中潜藏的错误；

（4）信息系统的功能、性能或易操作性上未能满足要求；

（5）信息系统部署时才发现的未意料到的错误。

2．进度上的风险

（1）信息系统部署和移交的周期过长；

（2）新旧系统之间未能顺利切换。

3．费用上的风险

（1）信息系统部署过程中费用的失控；

（2）信息系统部署过程中不可意料错误造成的费用增加。

4．管理层的风险

（1）企业中一部分势力对实施信息系统项目的暗中抵制甚至阻碍；

（2）流程变革、管理架构变革给组织带来的不确定性；

（3）项目客户高层对部署信息系统项目的坚定程度。

5．人员的风险

（1）项目委托方或承担方关键成员的突然离职；

（2）双方团队成员工作上的协调程度；

（3）对系统操作人员培训效果的不确定性。

当然，信息系统移交过程中出现的一些问题和困难都是十分正常的，这是由信息系统项目本身的特点所致。信息系统项目双方的负责人所应做的，就是尽早发现并消灭掉这些潜在风险，通过项目双方团队长效、定期会晤制度的建立，不断对信息系统的开发与实施过程进行监控,从而使整个项目的开发和交付过程沿着双方拟定的路线顺利实施。

10.5　信息系统的维护与后评价

10.5.1　信息系统使用反馈

在完成信息系统项目的移交之后,整个信息系统的使用权和控制权就从项目开发团队手中转移到了用户手中。但是,这绝非意味着彻底的结束。作为项目承担方,你更需要不断地跟进,进一步深入地关怀你的客户,力图从他们那里得到对你有用的反馈信息。

一次买卖的完成,只是今后无穷无尽赚钱的开始。

——Henry Ford(福特汽车 CEO)

项目的移交意味着项目团队主体使命的基本结束,但项目团队工作成果的评价却远未结束。如果项目产品经过客户的使用,发现问题重重,性能不稳定,这就需要公司进行项目的改进和维护;更重要的是,公司必须从这个项目中吸取经验教训,为以后避免类似的问题总结改进的办法。那么,怎么获取这些有益的关于项目产品的信息呢?如果坐等客户上门投诉、抱怨,不仅会损害公司的形象和信誉,而且会使工作陷入被动的局面。最好的策略就是,项目经理和部分原项目组成员,应当主动对交付的信息系统软件产品和服务进行追踪和回访,及时听取用户对信息系统软件产品和服务的质量及功能方面的建议,并对信息系统中存在的缺陷进行记录,及时采取措施改正。同时,还对项目过程中采用的新思想、新技术、新工具等,进行总结、确认,为进一步完善积累经验教训,创造条件。

以当前流行的 ERP 厂家为例,现在社会上对 ERP 的评价不高,这其中有我们涉足该领域的时间短、经验不足的原因,更是一些 ERP 厂家没有重视项目回访,造成了这些ERP 公司与客户之间沟通不足的结果。

ERP 是一个新兴的领域,对于开发商和客户来说都是一个充满挑战和不确定性的领域。特别是,ERP 的成败关键在于对需求的把握和系统的正确使用。由于 ERP 项目实施复杂,周期较长,客户的项目组成员也经常发生变化,难免会发生人员的流动,这样,问题就出现了,如果客户不能正确理解 ERP 系统,各种错误就会随之发生,客户方难免发出各种抱怨和投诉。如果 ERP 开发商注重客户的回访,就会及时了解 ERP 系统问题的真实原因,即使系统真的出现了一些问题,也会及时得到解决,从而避免双方误解的进一步加深。

所以,对于信息系统供应商而言,必须经常对老客户进行回访,取得关于信息系统产品的反馈、掌握客户的动态信息。

当然,项目的客户回访不仅仅给公司这么一点好处,如果企业能够把客户回访作为一种企业发展战略,并付诸一定的心血和关注,就会有更大的收获。

如果一个公司能够注意收集、积累客户关于项目的各种反馈信息、数据,当信息量累积到一定的程度，就可以通过统计、分析，发现自身项目运作、客户关系管理、产品服务等方面的问题，还可以发现项目产品在市场中的客户反应和地位，以便进行相关的市场运作决策，提高公司决策的客观性和准确性。

及时倾听来自用户的反馈意义在于：

（1）有利于项目团队重视管理，增强责任心，保证信息系统开发质量，不留隐患，树立向用户提供优质成果的良好作风；

（2）有利于发现问题，找到薄弱环节，不断改进工艺，总结经验，提高项目管理水平；

（3）有利于加强项目团队同用户的联系和沟通，增强项目用户对项目团队的信任感，提高项目团队的信誉。

信息系统维护的目的是保证信息系统正常而稳定地运行，并能使系统不断得到改善和提高，以充分发挥其效能。信息系统维护的任务是有计划、有组织地对系统进行必要的修改，以保证系统中的各个要素随环境的变化始终处于最新的、正确的工作状态。

信息系统维护的内容可分为以下5大类：

（1）系统应用程序维护；

（2）数据维护（包括数据备份、恢复及数据时间性等方面的维护工作）；

（3）代码维护；

（4）硬件设备维护；

（5）机构和人员的调整与后续培训等。

作为信息系统供应商，只有真正站在客户的立场上，为客户信息系统项目的部署和实施提供稳定而可靠的后续服务，才能真正赢得客户的认可，为公司的长久发展奠定坚实的基础。

10.5.2　信息系统的维护

1．软件方面的维护与完善

软件需要维护的原因可归纳为潜在的程序错误、软件运行的数据环境或处理环境发生变化、需求发生变化或原有功能的完善等。由这些原因引起的维护通常有以下 4 种类型。

（1）正确性维护。正确性维护是在软件原先存在的逻辑性错误或在测试阶段没有发现被带到运行阶段的错误的情况下进行的。工作内容包括诊断问题与改正错误。

（2）适应性维护。为适应新的硬件、软件配置，包括数据库、数据格式的变化等而引起的软件变动。

（3）完善性维护。这是指为了改善系统功能或应用户的需要而增加新的功能的维护工作。系统经过一个时期的运行之后，某些地方效率需要提高，或者使用的方便性还可以提高，或者需要增加某些安全措施等。这类维护工作占维护工作的绝大部分。

（4）预防性维护。为以后软件的升级而进行的有关工作，如用当前出现的新技术去对原有系统重新修改以满足以后的需要等。

如图 10-4 所示，在系统运行初期，正确性维护工作量最大，以后随着软件错误的减少，适应性维护和完善性维护工作量逐渐增大，其中正确性维护约占整个维护期工作量的 21%，适应性维护占 25%，而完善性维护占到整个维护工作的 50% 以上。

众所周知，信息系统的信息往往由众多使用者记录，由于每个人对记录内容的理解不同，计算机应用水平不同以及可能出现失误等，就可能造成数据不准确，所以数据库系统需要专人维护。另外，随着管理业务的不断深入，新的管理内容和功能需要加入数据库中，因此需要对数据库系统进行功能的扩充或系统更新。

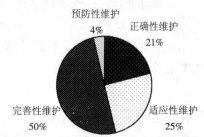

图 10-4　信息系统项目的维护类型构成比例

管理信息系统的维护和更新需要人力和物力支出，从事这样的工作需要时间和精力。因此，系统维护和支持的专业化、组织化、系统化是信息系统得以成功运行的关键因素。

信息系统的维护有其独特之处。首先，最令人惊讶和不可思议的是系统维护具有很高的代价。维护工作可分为非生产性活动和生产性活动两部分。前者主要是理解源程序代码的功能，解释数据结构、接口特点和性能限度等。这部分工作量和费用与系统的复杂程度、维护人员的经验水平以及对系统的熟悉程度密切相关；后者主要是分析评价、修改设计和编写程序代码等。其工作量与系统开发的方式、方法、采用的开发环境有直接的关系。因此，如果系统开发采用的方法不好，且原来的开发人员不能参加维护工作，则维护工作量和费用呈指数上升。有数据表明，60%～70% 的软件费用花在维护方面。其次，因为系统维护所要解决的问题可能来自系统整个开发周期的各个阶段，因此承担维护工作的人员应对开发阶段的整个过程、每个层次的工作都有所了解，从需求、分析、设计一直到编码、测试等，并且应具有较强的程序调试和排错能力，这些对维护人员的知识结构、素质和专业水平有较高要求。同时，这也是对开发方法的严峻考验。如果没有良好的开发方法，只能对系统进行非结构化的维护，那么系统经过"修修补补"以后，肯定极易崩溃或被淘汰。

信息系统的维护不仅范围广，而且影响因素多。通常在进行某项维护修改工作之前，要考虑以下三方面的因素：维护的背景，如系统的当前情况、维护的对象、维护工作的复杂性与规模；维护工作的影响，如对新系统目标的影响、对当前工作进度的影响、对本系统其他部分的影响、对其他系统的影响；对资源的要求，如对维护提出的时间要求、维护所需费用、维护所需的工作人员等。这些因素对系统的维护会产生很大的影响。

2. 网络方面的维护

信息系统网络维护的内容主要包括：

（1）病毒防治。病毒是计算机系统的杀手，它能感染应用软件、破坏系统甚至毁坏硬件，必须及时查杀。

（2）数据备份。数据备份是对硬盘参数、计算机引导区参数、系统事件及其他数据的存取，以便发生大故障时恢复计算机正常工作。

（3）数据整理。经常整理计算机数据，清除无用的数据，修复错误的数据，维护系统的稳定性。

（4）故障排除。发生故障及时发现排除以免发生更大的故障，造成更大的损失。

（5）硬件清洗。经常清扫硬件，保持硬件清洁，有效保护硬盘等易损硬件，延长计算机寿命。

（6）维修计算机硬件，恢复计算机系统，计算机网络维护、调试，计算机技术咨询，系统集成等，局域网搭建。

3．人员培训的改进

在信息化建设的过程中用户人员是推进主体，只有企业中的各级各类人员充分理解系统的管理思想、功能原理，熟练掌握产品的操作及应用，并灵活运用，才能保证信息系统产品的成功应用，实现信息系统应用的真正价值。因此人员培训也是非常重要的环节。我们主要有 2 种方式来进行。

（1）现场培训。公司指派专业的咨询顾问，亲临信息项目管理现场，根据客户信息系统项目实施的情况进行相应培训和指导。

（2）在线培训。公司在工作日内提供在线培训服务，咨询顾问将通过互联网或者电话方式对用户进行相关的知识培训。

10.5.3　信息系统项目后评价

我们不应该忘记任何经验，即使是最痛苦的经验。

——联合国秘书长 Dag Hmmerskjold

说起项目总结，大家都认为它很重要。然而，在实际工作中，人们很少把它与进度、成本等同等对待，总认为它是一项可有可无的工作。因而，在项目实施过程中，项目利益相关方就很少会注意经验教训的积累，即使在项目运作中碰得头破血流，也只是抱怨环境或者团队配合不好，很少系统地分析总结，或者不知道怎样总结，以至于同样的问题不断出现。

在上面的案例中，A 公司在项目中重复出现相同的错误或失误，从而导致项目进度延误、项目执行成本较高甚至客户满意度下降等问题。这也是系统集成公司或软件公司在项目中经常会出现的问题。

项目中问题出现后，大家不知如何做到防微杜渐，如何通过有效的项目总结做到亡羊补牢，避免在下一个项目中在出现类似的问题。这实际上就是通过有效的总结从而使项目过程形成一个闭环的反馈机制，最终避免和减少问题的发生。

经过调查和分析公司的多个项目后，A 公司的部门负责人 Paul 认识到了做好项目总结工作是其中的关键之处。并且，在与项目经理和项目成员沟通后，Paul 发现要做好项目总结的工作，首先就应该在项目启动时将其加以明确规定，比如项目评价的标准、总结的方式以及参加人员（如项目办公室、商务部、售前部、市场部、储运部等）等。

当然，除此以外，如果可能，项目总结大会上还应吸收用户及其他相关项目利益相关方参加，以保证项目总结的全面性和充分性。

　　项目经验总结非常重要，有利于组织内部或行业内部经验与数据的积累，项目过程的改进和技术与管理经验积累，对于今后的项目有非常重要的指导意义，因此应当引起项目经理及管理人员的足够重视。在项目管理的 39 个过程中，需要输入历史信息的就有 9 处之多。这些历史信息的来源从内部获得的主要来自以前项目的经验总结，可见项目经验总结是非常必要的。历史的数据可以使新的项目进行更为准确全面的规划，历史的教训可以使新的项目少走不必要的弯路，少花不必要的代价，减少项目失败的风险。

　　"以史为鉴"，每个公司都会从中大大受益，反过来说，如果你忘记历史，就可能在同一个地方再次跌倒。通过对信息系统项目的及时总结，可以明显获得以下成效：

　　（1）确定行之有效的方法。总结不只是确定和研究失误，如果某种特别的方法行之有效，某个工具绩效显著，也应该予以注意，以便于为将来的工作提供经验。

　　（2）防止重复错误。在任何项目中，某些事情总是会出现问题，而且无法预见其第一次会在何时发生。通过总结，可以弄清问题所在及其原因，获得原本可能错过的见识。这样可以预见下一次该问题出现的时间，并采取预防措施。

　　（3）激励项目团队成员。人们希望知道自己干得如何，特别是当已经在项目中投入了大量精力时。总结阶段应该包括对每个人工作绩效概括。只要你以正确的方式来收集和传播信息，你将会发现人们特别是开发团队，把项目总结看作是建立形象或业绩证明的好方式。同样地，人们如果知道挫败将被记录下来并进行研究，则可能更加积极地工作。

　　为了最大限度地利用总结的激励作用，应该让团队成员预先了解将会在项目结束后评价他们的绩效。他们应该清楚评价时应用的标准及反馈的意见、所采取的评价形式和方法等。

　　（4）为其他项目激发点子。在总结阶段应该对项目过程和结果两方面都进行评价。在项目进行过程中，团队成员可能已经意识到项目还尚未完全解决的问题，或需要开展类似工作的领域。因此，总结常常成为其他后续项目的催化剂。

　　（5）新项目经理的培训资源。一个项目经理从毫无经验到对待自己的工作"游刃有余"需要一个过程，如果靠自己摸索，可能要跌倒无数次，但如果能够吸取别人的经验和教训，也许就会缩短自己走向成功的过程。

　　捷径就在眼前，何乐而不为？能够尽快培养一个成熟的项目经理，哪个公司不愿意？

　　为了让新项目经理尽快进入角色，在项目实践中少走弯路，历史就是最好的老师。比如在项目管理中，如何决定 WBS 结构，如何进行进度估算，应试如何考虑和分析应对风险，如何分析变更请求并做出决策等，这些经验对于新项目经理将是无价之宝。

　　在事实上，项目总结工作应作为现有项目或将来项目持续改进工作的一项重要内容，同时也可以作为对项目合同、设计方案内容与目标的确认和验证。正如上文所说的，项目总结的目的和意义在于总结经验教训、防止犯同样的错误、评估项目团队、为绩效考核积累数据以及考察是否达到阶段性目标等。总结项目经验和教训，也会对其他项目和公司的项目管理体系建设和项目文化起到不可或缺的作用。完善的项目汇报和总结体系对项目的延续性是很重要的，如项目完成后项目的售后维护、设备保修等。特别是项目收尾时的项目总结，项目管理机构应在项目结束前对项目进行正式评审，其重点是确保能够为其他项目提供可利用的经验，另外还有可能引申出用户新的需求而进一步拓展市场。

目前，越来越多的成功型公司正越来越重视对项目经验的总结，毕竟现在业界提倡的 PMM（Project Maturity Model）的最高境界就是不断地学习改进。

当然，项目总结应该根据不同的汇报对象，提供有针对性的内容。因为不同的报告阅读者需求不一样。例如，像公司级项目主管领导，可能只关注项目收款及影响收款进度的原因、项目验收计划、项目中的重大事故或问题。技术经理可能更关心项目中新技术、新流程、新工艺的采用情况及效果。质量经理可能更重视项目的质量控制、变更、风险、问题报告。项目经理应该尽可能要求项目团队所有成员提交项目总结报告，因为每个人都会根据自己的知识、经验和能力，就所承担的不同工作、不同项目阶段，提出不同的问题和建议，这样能够从不同侧面来总结项目，更好地为下一阶段或以后的项目提供有意义的参考。

最后，需要强调的是，项目总结不能报喜不报忧。对于失败的项目，总结会不应该成为批斗会，要坚持对事不对人的原则。这样，项目总结才能够顺利开展，并对今后工作有指导意义。

 **思考题**

1. 信息系统项目验收的主要内容有哪些？
2. 信息系统项目验收与移交前应做哪些准备工作？
3. 简述信息系统项目验收与移交的操作程序。
4. 简述信息系统项目验收与移交的方法与技巧。
5. 简述信息系统项目验收与移交的潜在风险。
6. 信息系统项目维护的内容有哪些？
7. 信息系统项目软件方面维护的类型有哪些？
8. 简述信息系统项目网络方面维护的内容。
9. 简述信息系统项目人员培训的改进方式。
10. 简述信息系统项目后评价的重要性。
11. 信息系统项目后评价的方法与技巧有哪些？

附录 A　信息系统项目可行性报告模板

第一部分　总论

总论是可行性研究报告的第一部分，也是对项目的一个整体概括。因此，在总论重点综合叙述可行性研究报告中的各部分的主要问题和结论，并提出可行性研究的最终结论和建议。

一、项目背景

（一）项目名称

所要开发的信息系统的名称。

（二）信息系统的提出者、用户、项目承办方

明确信息系统的利益相关方。

（三）项目提出的理由与过程

为什么要开发这样一个项目，新项目具有什么现实意义。

（四）可行性研究报告编制依据

二、项目概况

（一）系统开发条件；

（二）项目投入总资金及效益情况；

（三）主要技术经济指标；

（四）相关参考资料及文件。

列出相关的参考资料，如：

a．本项目经核准的计划任务书或合同、上级机关的批文；

b．属于本项目的其他已发表的文件；

c．本文件中各处引用的文件、资料，包括所需用到的软件开发标准。

列出这些文件资料的标题、文件编号、发表日期和出版单位，说明能够得到这些文件资料的来源。

第二部分　信息系统需求

说明客户对新信息系统的需求，这是进行项目开发可行性研究的前提，如对新系统的要求、目标、假定、限制等。

一、对新系统的要求

说明对所建议开发的软件的基本要求，如：

（一）功能

要求新系统能够实现什么样的功能。

（二）性能

要求新系统能够达到什么样的技术指标，如存储能力处理速度。

（三）系统输出要求

输出如报告、文件或数据，对每项输出要说明其特征，如用途、产生频度、接口以及分发对象。

（四）系统输入要求

说明系统的输入，包括数据的来源、类型、数量、数据的组织以及提供的频度。

（五）处理流程和数据流程

用图表的方式表示出最基本的数据流程和处理流程，并辅之以叙述。

（六）在安全与保密方面的要求

（七）同本系统相连接的其他系统

（八）完成期限

二、信息系统建设目标

（一）人力资源与材料设备消耗费用的减少；

（二）对信息处理能力和速度的提高；

（三）控制精度或生产能力的提高；

（四）管理信息服务的改进；

（五）自动决策系统的改进；

（六）人员利用率的提高。

三、信息系统开发的条件、假定和限制

（一）所建议系统的运行寿命的最小值；

（二）进行系统方案选择比较的时间；

（三）经费、投资方面的来源和限制；

（四）法律和政策方面的限制；

（五）硬件、软件、运行环境和开发环境方面的条件和限制；

（六）可利用的信息和资源；

（七）系统投入使用的最晚时间。

四、进行信息系统项目可行性研究的方法

说明这项可行性研究将是如何进行的，对所建议的系统方案将是如何评价的。摘要说明所使用的基本方法和策略，如调查、要素加权平均法、确定模型、建立基准点或仿真等。

五、评价尺度

说明对系统进行评价时所使用的主要尺度，如费用的多少、各项功能的优先次序、开发时间的长短及使用中的难易程度。

第三部分　对现有信息系统的分析

现有信息系统是指当前实际使用的系统，这个系统可能是计算机系统，也可能是一个机械系统甚至是一个人工系统。分析现有信息系统的目的是找出现有系统存在的缺陷和不足，进一步阐明建议中的开发新系统或修改现有系统的必要性。

一、处理流程和数据流程

说明现有系统的基本的处理流程和数据流程。此流程可用图表即流程图的形式表示，并加以叙述。

二、性能及工作负荷

列出现有系统的处理能力和速度，对比所承担的工作及工作量。

三、费用开支

列出由于运行现有系统所引起的费用开支，如人力、设备、空间、支持性服务、材料等项开支以及开支总额。

四、人员

列出为了现有系统的运行和维护所需要的人员的专业技术类别和数量。

五、设备

列出现有系统所使用的各种硬件和网络设备。

六、局限性

列出本系统的主要的局限性，例如处理时间赶不上需要，响应不及时，数据存储能力不足，处理功能不够，占用大量的人力资源，系统维护困难、费用高等。如果选择开发新系统，还要说明为什么对现有系统的改进性维护已经不能解决问题。

第四部分　新信息系统说明

这一部分是对将要开发的新信息系统的说明，主要着重于技术和功能方面，对比现有系统，阐述客户的需求如何得到满足。

一、对所建议系统的说明

概括地说明所建议的信息系统，并说明在第二部分中列出的那些要求将如何得到满足，说明所使用的基本方法及理论根据。

二、处理流程和数据流程

描述所建议信息系统的处理流程和数据流程，形成系统流程图。

三、系统改进

按新信息系统建设的目标，逐项说明所建议系统相对于现存系统具有的改进。

四、影响

说明在建立所建议系统时，预期将带来的影响，包括：

（一）对设备的影响

说明新信息系统提出的设备要求及对现存系统中尚可使用的设备须做出的修改。

（二）对软件的影响

说明为了使现存的应用软件和支持软件能够同所建议系统相适应，需要对这些软件所进行的修改和补充。

（三）对用户单位机构和人员的影响

说明为了建立和运行所建议系统，对用户单位机构、人员的数量和技术水平等方面的全部要求。

（四）对系统运行过程的影响

说明所建议系统对运行过程的影响，如：

a. 用户的操作规程；

b. 运行中心的操作规程；

c. 运行中心与用户之间的关系；

d. 源数据的处理；

e. 数据进入系统的过程；

f. 对数据保存的要求，对数据存储、恢复的处理；

g. 输出报告的处理过程、存储媒体和调度方法；

h．系统失效的后果及恢复的处理办法。

（五）对开发的影响

说明对开发的影响，如：

a．为了支持所建议系统的开发，用户需进行的工作；

b．为了建立一个数据库所要求的数据资源；

c．为了开发和测验所建议系统而需要的计算机资源；

d．所涉及的保密与安全问题。

（六）对地点和设施的影响

说明对建筑物改造的要求及对环境设施的要求。

（七）对经费开支的影响

扼要说明为了所建议系统的开发，设计和维持运行而需要的各项开支。

五、局限性

说明所建议系统尚存在的局限性以及这些问题未能消除的原因。

第五部分　可选择的其他系统方案

扼要说明曾考虑过的每一种可选择的系统方案，包括需开发的和可从国内国外直接购买的，如果没有供选择的系统方案可考虑，则说明这一点。

一、可选择的系统方案 1

参照第四部分的提纲，说明可选择的系统方案 1，并说明它未被选中的理由。

二、可选择的系统方案 2

按类似方案 1 的方式说明第 2 个乃至第 n 个可选择的系统方案。

第六部分　技术可行性

本节应说明信息系统在技术条件方面的可行性。

一、在当前的限制条件下，该系统的功能目标能否达到；

二、利用现有的技术，该系统的功能能否实现；

三、对开发人员的数量和质量的要求并说明这些要求能否满足；

四、在规定的期限内，本系统的开发能否完成。

第七部分　社会因素方面的可行性

本部分用来说明对社会因素方面的可行性分析的结果，包括以下两方面。

一、法律方面的可行性

法律方面的可行性问题很多，如合同责任、侵犯专利权、侵犯版权等方面的陷井，软件人员通常是不熟悉的，有可能陷入，务必要注意研究。

二、使用方面的可行性

例如从用户单位的行政管理、工作制度等方面来看，是否能够使用该软件系统，从用户单位的工作人员的素质来看，是否能满足使用该软件系统的要求等，都是要考虑的。

第八部分　项目实施进度安排

项目实施阶段也是项目的投资期，是指从正式确定开发信息系统项目开始到信息系统正常运行的这一段时间。这一段时间包括项目实施准备、资金筹集安排、信息系统设计、设备订货、系统开发、系统试运行直到系统正式运行和交付等各工作阶段。在可行性研究阶段，要对项目实施的各个环节进行统一规划，综合平衡，做出合理而可行的安排。

一、项目实施的各个阶段

（一）建立项目实施管理机构；

（二）资金筹集安排；

（三）信息系统设计；

（四）设备订货；

（五）系统开发与系统集成；

（六）系统试运行；

（七）系统验收。

二、项目实施进度表

（一）甘特图；

（二）网络图。

第九部分　投资估算与资金筹措

项目的投资估算和资金筹措分析是项目可行性研究报告的重要组成部分。本部分需要计算项目所需要的资金总额，分析资金筹措方式，并制订项目用款计划。

一、项目投资估算

项目投资包括固定资产投资和流动资产投资；

（一）固定资产总额；

（二）流动资产总额。

二、项目资金筹集

项目开发资金可以从不同的渠道、以不同的方式，在不同的时间获得。项目可行性研究阶段要根据项目投资总额和项目进度计划，落实资金来源渠道和筹措方式。

（一）资金来源；

（二）资金筹集方案；

（三）资金使用计划；

（四）借款偿还计划。

第十部分　投资及财务效益分析

一、项目支出

对于所选择的方案，说明所需的费用。如果已有一个现存系统，则包括该系统继续运行期间所需的费用。

（一）基本建设投资

包括采购、开发和安装下列各项所需的费用，如：

a. 房屋和设施；

b. ADP 设备；

c. 数据通信设备；

d. 环境保护设备；

e. 安全与保密设备；

f. ADP 操作系统的和应用的软件；

g. 数据库管理软件。

（二）其他一次性支出

包括下列各项所需的费用，如：

a. 研究（需求的研究和设计的研究）；

b. 开发计划与测量基准的研究；

c. 数据库的建立；

d. ADP 软件的转换；

e. 检查费用和技术管理性费用；

f. 培训费、旅差费以及开发安装人员所需要的一次性支出；

g. 人员的退休及调动费用等。

（三）非一次性支出

列出在该系统生命期内按月或按季或按年支出的用于运行和维护的费用，包括：

a. 设备的租金和维护费用；

b. 软件的租金和维护费用；

c. 数据通信方面的租金和维护费用；

d. 人员的工资、奖金；

e. 房屋、空间的使用开支；

f. 公用设施方面的开支；

g. 保密安全方面的开支；

h. 其他经常性的支出等。

二、项目收益

对于所选择的方案，说明能够带来的收益，这里所说的收益，表现为开支费用的减少或避免、差错的减少、灵活性的增加、动作速度的提高和管理计划方面的改进等，包括以下内容。

（一）一次性收益

说明能够用人民币数目表示的一次性收益，可按数据处理、用户、管理和支持等项分类叙述，如：

a. 开支的缩减包括改进了的系统的运行所引起的开支缩减，如资源要求的减少，运行效率的改进，数据进入、存储和恢复技术的改进，系统性能的可监控，软件的转换和优化，数据压缩技术的采用，处理的集中化/分布化等；

b. 价值的增升包括由于一个应用系统的使用价值的增升所引起的收益，如资源利用的改进，管理和运行效率的改进以及出错率的减少等；

c. 其他如从多余设备出售回收的收入等。

（二）非一次性收益

说明在整个系统生命期内由于运行所建议系统而导致的按月的、按年的能用人民币数目表示的收益，包括开支的减少和避免。

（三）不可定量的收益

逐项列出无法直接用货币表示的收益，如服务的改进，由操作失误引起的风险的减少，信息掌握情况的改进，组织机构给外界形象的改善等。有些不可捉摸的收益只能大概估计或进行极值估计（按最好和最差情况估计）。

三、收益/投资比

求出整个系统生命期的收益/投资比值。

四、投资回收周期

求出收益的累计数开始超过支出的累计数的时间。

五、敏感性分析

所谓敏感性分析是指一些关键性因素如系统生命期长度、系统的工作负荷量、工作负荷的类型与这些不同类型之间的合理搭配、处理速度要求、设备和软件的配置等变化时，对开支和收益的影响最灵敏的是范围的估计。在敏感性分析的基础上做出的选择当然会比单一选择的结果要好一些。

第十一部分　结论

在进行可行性研究报告的编制时，必须有一个研究的结论。结论可以是：

a. 可以立即开始进行；

b. 需要推迟到某些条件（例如资金、人力、设备等）落实之后才能开始进行；

c. 需要对开发目标进行某些修改之后才能开始进行；

d. 不能进行或不必进行（例如因技术不成熟、经济上不合算等）。

第十二部分　附件

1. 项目机会研究报告
2. 项目立项批文
3. 市场调查报告
4. 信息系统需求建议书
5. 引进技术的协议文件
6. 对比方案说明
7. 其他附图及附表

附录 B　信息系统项目资源计划模板

A．一般信息

这部分是关于建议项目组织以及项目参与各方的一般信息

项目名称：＿＿＿＿＿＿＿＿＿＿　　日期：　＿＿＿＿＿＿＿＿＿＿

控制机构：＿＿＿＿＿＿＿＿＿＿　　修改日期：＿＿＿＿＿＿＿＿＿

制作单位：＿＿＿＿＿＿＿＿＿＿　　批准人：　＿＿＿＿＿＿＿＿＿

B．资源概要

确定实施项目所需要的主要资源。资源包括可能包括以下内容：人力、资金、设备、设施、材料、供应品以及信息技术。

C．项目资源信息

对于项目需要的每一项资源，要确定以下内容：（1）每项资源的成本估计；（2）每项资源的可获得性；（3）项目所需人力及设备资源的质量及输出。

资　　　源	成本估计	资源可获得性	质　　量	输　　出

D．人力资源计划

确定了项目所需要的人力资源以后，编制人力配置计划，包括：项目每月所需的人力资源数量、类型。

人力资源种类	月份	月份	月份	月份	月份	月份

参 考 文 献

[1]　大卫·L．奥尔森著．李玉英，简德三译．信息系统项目管理导论．上海：上海财经大学出版社，2004．

[2]　栾跃．软件开发项目管理．上海：上海交通大学出版社，2005．

[3]　刘慧，陈虔．IT 执行力——IT 项目管理实践．北京：电子工业出版社，2004．

[4]　Kathy Schwalbe．IT 项目管理．北京：机械工业出版社，2004．

[5]　邓仲华．信息系统分析与设计．北京：科学出版社，2003．

[6]　韩万江，姜立新．软件开发项目管理．北京：机械工业出版社，2004．

[7]　蒋国瑞等．IT 项目管理．北京：电子工业出版社，2006．

[8]　丁荣贵．项目管理：项目思维与管理关键．北京：机械工业出版社，2004．

[9]　Kathy Schwalbe 著，邓世忠等译．IT 项目管理．北京：机械工业出版社，2004．

[10]　Joseph Philips 著．冯博琴，罗建军，朱丹军等译．实用 IT 项目管理．北京：机械工业出版社，2003．

[11]　【美】Tom DeMarco，等著．熊节等译．与熊共舞．北京：清华大学出版社，2004．

[12]　王凡林，等．现代项目管理精要．山东：山东人民出版社，2006．

[13]　【英】拉尔夫 L 克莱因，等著．唐健译．项目风险管理．北京：宇航出版社，2002．

[14]　【美】保罗 S．罗耶著．北京光联达慧中软件技术有限公司译．项目风险管理．北京：机械工业出版社，2005．

[15]　【英】克里斯·查普曼，等著．李兆玉，等译．项目风险管理．北京：电子工业出版社，2003．

[16]　Lyytinen K, Hirschheim R.Information failures—a survey and classification of the empirical literature.OxfordSurveys in Information Technology 1987,(4):257–309.

[17]　Flowers S.Software failure: management failure．Chichester, UK: John Wiley, 1996.

[18]　Lam, W.; Shankararaman, V.;Managing change in software development using a process improvement approach；Proceedings of 24th Euromicro Conference, 1998,2:779 – 786.

[19]　Karl E.Wiegers 著．刘伟琴，刘洪涛译．软件需求．北京：清华大学出版社，2004．

[20]　Ian Sommerville,Pete Sauyer 著．赵文耘 叶恩，等译．需求工程．北京：机械工业出版社，2002．

[21]　卢向南．项目计划与控制．北京：机械工业出版社，2004．

[22]　荣钦科技．Project 2003 在项目管理中的应用．北京：电子工业出版社，2006．

[23]　徐渝，何正文．项目进度管理研究．西安：西安交通大学出版社，2005．

[24]　杨坤．项目时间管理．天津：南开大学出版社，2006．

[25]　【美】格雷戈里 T．豪根．项目计划与进度管理．北京：机械工业出版社，2005．

[26] 【美】詹姆斯·刘易斯著．项目计划、进度与控制．北京：清华大学出版社，2002．

[27] 刘津民．工程项目进度计划优化方法的研究．天津大学学报 2003．

[28] 李政训．项目施工管理与进度控制．北京：中国建筑工业出版社，2003．

[29] Jack Gido, James P. Clements.Successful project management.Publishing House of Electronics Industry， 2006．

[30] Christensen, Davis S.The Costs and Benefits of the Earned Value Management Process.Acquisition Review Quarterly， Fall 1998．

[31] 罗新星，苗维华．挣值法的理论基础和实践应用．中南大学学报（社会科学版），2003-03．

[32] 卢向南．项目计划与控制．北京：机械工业出版社，2004．

[33] 【美】杰弗里 K．宾图（Jeffrey K.Pinto）著．鲁耀武，董圆圆，赵玲等译．项目管理[M]．北京：机械工业出版社，2007：320-345．

[34] 【美】小塞缪尔·J．曼特尔，杰克·R．梅瑞狄斯，斯科特·M．谢弗，玛格丽特·M．萨顿著．林树岚，邓士忠译．项目管理实践[M]．北京：电子工业出版社，2002：197-246．

[35] 【美】杰克·吉多（Jack Gido），詹姆斯 P．克莱门斯（James P.Clements）．张金成译．成功的项目管理（原书第 2 版）[M]．北京：机械工业出版社，2004：133-142．

[36] 【美】杰克·R．梅瑞狄斯，小塞缪尔·J．曼特尔著．周晓红等译．项目管理：管理新视角（第 6 版）[M]．北京：电子工业出版社，2006：457-516．

[37] 【美】阿迪德吉·B．巴迪鲁（Adedeji B.Badiru），P．施铭·巴拉特（P.Simin Pulat）著．王瑜译．项目管理原理[M]．北京：清华大学出版社，2003：167-213．

[38] 王强，曹汉平，贾素玲等．IT 软件项目管理．北京：清华大学出版社，2004．

[39] 罗圣仪．计算机软件质量保证的方法和实践．科学出版社，1999．

[40] 赵涛，潘欣鹏．项目质量管理．中国纺织出版社，2005．

[41] 王祖和．项目质量管理．机械工业出版社，2004．

[42] 吴明晖，应晶．软件质量工程——度量与模型（第二版）．北京：电子工业出版社，2004．

[43] 马博，赵云龙．软件质量和软件测试．北京：清华大学出版社，2003．

[44] 周煜，周国庆，奚文俊．软件技术测试概述．中国测试技术，2005，3．

[45] 席平．浅论软件项目管理中的质量保证．航空计算技术，2005，1．

[46] 【美】凯西·施瓦尔贝著．邓世忠等译．IT 项目管理．北京：机械工业出版社，2004．

[47] 戚安邦著．项目管理学．北京：科学出版社，2007．

[48] 中国项目管理研究会、中国信息产业商会、中国电子信息产业发展研究院编著．IT 信息化项目管理知识体系与国际项目管理专业资质认证标准．北京：电子工业出版社，2004．

[49] 张炳达、刘敏．现代项目管理事务．北京：立信会计出版社，2007．

[50] 丁荣贵．项目管理：项目思维与管理关键．机械出版社，2004．

[51] 屈丽萍、王雨晴. 企业信息化项目中的冲突管理研究. 物流科技, 2006.

[52] 王夏华、刘云枫. 建筑项目中的冲突强度评估及策略选择问题研究. 工程项目管理, 2007.

[53] 李业昆. 绩效管理系统研究. 北京：华夏出版社, 2007.

[54] 杜映梅. 绩效管理. 北京：对外经济贸易大学出版社, 2007.

[55] 武欣. 绩效管理实务手册. 北京：机械工业出版社, 2006.

[56] 徐斌. 绩效管理流程与实务. 北京：人民邮电出版社, 2006.

[57] 孙宗虎, 李艳. 绩效目标与考核实务手册. 北京：人民邮电出版社, 2008.

[58] 赵日磊. 绩效魔方. 北京：北京工业大学出版社, 2008.

[59] 余泽忠. 绩效考核与薪酬管理. 北京：机械工业出版社, 2006.

[60] 保罗·卡恩斯著. 张来贵译. 员工业绩测评与管理. 北京：经济管理出版社, 2006.

[61] 皇甫刚. 绩效考核与管理案例. 北京：电子工业出版社, 2006.

[62] 林愚, 顾卫俊. 绩效管理体系的设计与实施. 北京：电子工业出版社, 2007.

[63] 冯宏岩, 顾英伟. 绩效考评. 北京：电子工业出版社, 2007.

[64] 保罗·尼文著. 胡玉明等译. 平衡记分卡：战略经营时代的管理系统. 中国财务经出版社, 2003.

[65] 罗伯特·贝阿. 绩效管理手册. 北京：清华大学出版社, 2006.

[66] 白娟, 段万春, 王琳. 绩效管理体系综述. 哈尔滨：商业研究, 2006.

[67] 罗伯特·巴克沃著. 陈舟平译. 绩效管理：如何考评员工表现. 北京：中国标准出版社, 2000.

[68] 左美云. 信息系统项目管理. 北京：清华大学出版社, 2008.

[69] 大卫·L. 奥尔森. 信息系统项目管理导论. 上海：上海财经大学出版社, 2004.

[70] Kathy Schwalbe. IT 项目管理. 北京：机械工业出版社, 2008.

[71] 王长峰, 等. IT 项目管理案例与分析. 北京：机械工业出版, 2008.

[72] 凯西·施瓦尔贝. IT 项目管理. 北京：机械工业出版, 2004.

[73] 范黎波. 项目管理. 北京：对外经济贸易大学出版社, 2005.

[74] 大卫·L. 奥尔森. 信息系统项目管理导论. 上海：上海财经大学出版社, 2004.

[75] Kathy Schwalbe. IT 项目管理. 北京：机械工业出版社, 2008.

[76] 王长峰, 等. IT 项目管理案例与分析. 北京：机械工业出版, 2008.

[77] 凯西·施瓦尔贝. IT 项目管理. 北京：机械工业出版, 2004.

[78] Joseph Phillips.IT Project Management: On Track from Start to Finish.China Machine Press, 2004.

[79] 杨坚争. IT 项目建设与管理精选案例分析. 北京：清华大学出版社, 2006.

反侵权盗版声明

电子工业出版社依法对本作品享有专有出版权。任何未经权利人书面许可，复制、销售或通过信息网络传播本作品的行为；歪曲、篡改、剽窃本作品的行为，均违反《中华人民共和国著作权法》，其行为人应承担相应的民事责任和行政责任，构成犯罪的，将被依法追究刑事责任。

为了维护市场秩序，保护权利人的合法权益，我社将依法查处和打击侵权盗版的单位和个人。欢迎社会各界人士积极举报侵权盗版行为，本社将奖励举报有功人员，并保证举报人的信息不被泄露。

举报电话：（010）88254396；（010）88258888

传　　真：（010）88254397

E-mail　：dbqq@phei.com.cn

通信地址：北京市万寿路 173 信箱

　　　　　电子工业出版社总编办公室

邮　　编：100036